AUTOMOBILREIFEN

ERGEBNISSE
WISSENSCHAFTLICHER UNTERSUCHUNGEN VON REIFEN
IN DER VERSUCHSANSTALT FÜR KRAFTFAHRZEUGE
DER TECHNISCHEN HOCHSCHULE
ZU BERLIN

VON

GABRIEL BECKER
PROF. DR.-ING.

MIT 97 ABBILDUNGEN

VERLAG VON M. KRAYN / BERLIN W

1927

Inhaltsverzeichnis

VORBEMERKUNG.

Die wissenschaftlichen Untersuchungen von Automobilreifen, über welche in dieser Schrift berichtet wird, sind durch den Herrn Reichsverkehrsminister veranlaßt und mit Reichsmitteln in der Versuchsanstalt für Kraftfahrzeuge der Technischen Hochschule zu Berlin ausgeführt worden. Das von dem Herrn Reichsverkehrsminister in dankenswerter Weise geförderte Studium der Wechselwirkungen zwischen Kraftfahrzeug und Straße dient den Bestrebungen, die Verkehrsleistungen der Kraftfahrzeuge bei geringster Straßenbeanspruchung auf ein Höchstmaß zu steigern.

In diesem Ziel überschneidet sich das große Problem des Baues und der Unterhaltung der Straßen mit dem der fahrtechnischen Vervollkommnung der Kraftfahrzeuge. Deshalb wurde die Aufgabe gleichzeitig von der straßenbau- und der automobiltechnischen Seite angefaßt. Die vom Herrn Reichsverkehrsminister unterstützten Studien des Deutschen Straßenbauverbandes auf der Versuchsbahn in Braunschweig und die Reifenuntersuchungen in der Versuchsanstalt für Kraftfahrzeuge der Technischen Hochschule zu Berlin sind in ständigem Einvernehmen und Erfahrungsaustausch der Versuchsleiter unter Mitwirkung der Vertreter des Reichsverkehrsministeriums ausgeführt worden.

Herr Ministerialrat Geh. Regierungsrat Pflug hat die Arbeiten des Verfassers mit wertvollen Anregungen unterstützt, für welche ihm besonders gedankt sei.

Die Allgemeine Berliner Omnibus-Aktien-Gesellschaft (ABOAG) hat der wissenschaftlichen Forschung durch kostenlose Bereitstellung von Fahrzeugen wertvolle Dienste geleistet. Den Herren Generaldirektor R. Kaufmann und Direktor Regierungsrat a. D. Quarg danke ich für die bereitwillige Überlassung ihrer großen Betriebserfahrungen auf dem Gebiete der Reifenfrage.

Die Untersuchung erstreckt sich auf die Reifen der Lastwagen, Omnibusse, Personenwagen und Motorschlepper, und zwar Vollgummireifen, Kissenreifen, Hochdruckluftreifen und Niederdruckluftreifen. Der neueste Fortschritt in der Omnibusbereifung, der Riesenballonreifen, ist ebenfalls mit einbezogen worden.

Die Schrift umfaßt vier Abschnitte. Der erste Abschnitt enthält die allgemeinen Erkenntnisse über den Gütegrad der verschiedenen Reifenarten und die sich daraus ergebenden allgemeinen Schlußfolgerungen einschließlich derjenigen für die reichsgesetzliche Regelung des Kraftverkehrs hinsichtlich Klassifizierung der Bereifungen, Gewichtsgrenzen und Fahrgeschwindigkeiten.

Die nächsten Abschnitte bringen die Einzelergebnisse der Untersuchungen, und zwar Abschnitt II Lastwagen- und Omnibusbereifung, Abschnitt III Personenwagenbereifung, Abschnitt IV Bereifung für Motorschlepper.

Die Herren Oberingenieur Dr.-Ing. A. Kauffmann und Dipl.-Ing. H. Maruhn haben besonderen Anteil an der Durchführung der Versuche und der Auswertung der Versuchsergebnisse. Ihnen und den übrigen Mitarbeitern in der Versuchsanstalt für Kraftfahrzeuge der Technischen Hochschule zu Berlin sei für ihre große Arbeitsfreude gedankt.

Charlottenburg, im Juni 1927.

G. Becker.

I. TEIL

ALLGEMEINE ERKENNTNISSE

über das Federungsvermögen der Reifen und Folgerungen für die behördliche Regelung des Kraftverkehrs.

Man unterscheidet handelsüblich die vier verschiedenen Reifenarten, Vollgummi-, Kissen-, Hochdruckluft- und Niederdruckluftreifen (Ballonreifen).

Der Vollgummireifen ist die primitivste Form der Gummireifen. Aus dieser Reifenart ist der Kissenreifen entwickelt worden, welcher durch seine Querschnittsform und besondere Gummiqualität größere Ausweichmöglichkeiten des tragenden Gummikissens, daher größere Federungswege als der Vollgummireifen hat. Die Tragfähigkeit dieser beiden Reifenarten beruht auf der Formänderung und inneren Spannung eines Gummikissens. Die Luftreifen verwenden an Stelle des Gummikissens ein Luftkissen. Der Hochdruckreifen hat ein kleineres, aber höher vorgespanntes Luftvolumen. Beim Niederdruckreifen (Ballonreifen) ist das Luftvolumen vergrößert und die Luftspannung kleiner.

Die Untersuchung dieser verschiedenen Reifenarten, deren Einzelergebnisse in den nächsten Hauptabschnitten dieser Schrift enthalten sind, hat zusammenfassend folgende Aufschlüsse für die Wertung der Reifen ergeben:

Das Reifenprofil allein ist kein eindeutiger Maßstab für das Federungsvermögen. Kissenreifen mit großem Gummiquerschnitt hatten teils gutes, teils schlechtes Federungsvermögen. In einigen Fällen hob sich das Federungsvermögen trotz des starken Profils nicht über die Werte mäßiger Vollgummireifen heraus. Andererseits wiesen einige Kissenreifen mit geringeren Gummiquerschnitten gute Massenabfederung auf. Beim Kissenreifen kommt es in erster Linie auf die Gummiqualität an. Das Reifenprofil und die Mittel zur Spannungsverteilung (Hohlkammer, Einschnitte u. dgl.) verbessern die Ausnutzung des Federungsvermögens hoher Gummiqualität.

Der statische Raddruck und die mittlere Bodenpressung eines vollbeladenen stillstehenden Wagens geben kein richtiges Bild über die Straßenbelastung während der Fahrt. Die letztere weicht infolge des Einflusses der Massenkräfte von den Werten des stillstehenden Wagens sehr stark ab und ist von der Güte der Bereifung entscheidend abhängig.

Durch die dynamischen Zusatzbeanspruchungen des infolge der Unebenheiten schwingenden Rades steigen die Raddrücke bei unvollkommen federnden Reifen bis zu einem vielfachen Betrage des statischen Raddruckes. Die in ständiger Folge wiederkehrenden Spitzenwerte der Raddrücke, welche einem um das Vielfache überladenen Wagen entsprechen, sind die wirklichen Ursachen starker Straßenzerstörung. Diesen ist keine Straße auf die Dauer gewachsen. Außerdem lösen sie die heftigen Erschütterungen des Bodens und der Gebäude in größerem Umkreise aus.

Fahrzeuge mit gleichem Gesamtgewicht belasten im Betriebe die Straße bei Hochdruckluftreifen 40 %, bei Kissenreifen 230 %, bei Vollgummireifen 410 % über den Wert des statischen Raddruckes. Der statische Raddruck von beispielsweise 1000 kg steigt beim fahrenden Wagen bis auf 1400, 3300 und 5100 kg.

Die höchsten Betriebsdrücke gleichschwerer Fahrzeuge bei Hochdruckluftreifen, Kissenreifen und Vollgummireifen verhalten sich wie:

$$1:2{,}3:3{,}6.$$

In den folgenden Erörterungen wird klargestellt werden, daß diese Abstufung nicht sprunghaft, sondern mit dem Gütegrad der Reifen stetig veränderlich ist.

Bei den neuesten Reifen für Omnibusse, den Ballonreifen mit 3½ at Luftdruck anstatt 8 at beim Hochdruckreifen wird der statische Raddruck nur noch um 15 % durch die dynamischen Zusatzkräfte im Betriebe erhöht. Der Ballonreifen zeichnet sich also durch den fast vollkommenen Fortfall einer dynamischen Bahndrucksteigerung aus und schont daher die Straße in nahezu idealer Weise.

Nach der früheren Untersuchung des Verfassers (Bericht: „Schnellastwagen mit Riesenluftreifen“ 1923) verhielten sich die Bahndrücke der Luftreifen und Vollgummireifen wie 1:3,4.

Die Fahrgeschwindigkeit hat bei den elastischeren Reifen gar keinen Einfluß. Dagegen erreichen die weniger elastischen Reifen, Vollgummireifen, die höchsten Bahndrucksteigerungen schon bei sehr niedrigen Fahrgeschwindigkeiten, welche im allgemeinen wesentlich unter 20 km/Std. liegen.

Die mittlere Bodenpressung des auf ebener Fahrbahn stillstehenden Rades schwankt bei gleichen Raddrücken z. B. 2750 kg eines Lastwagentriebrades zwischen 6,5 bis 9,7 kg/cm² für alle Reifenarten vom Vollgummireifen bis zum weichen Ballonluftreifen. Dabei sind die niedrigsten Werte nicht unbedingt den Reifen höchster Federungswirkung zugehörig.

Betrachtet man dagegen die Werte der mittleren Bodenpressung beim fahrenden Wagen, so haben die hochelastischen Reifen immer die kleinsten, also günstigsten Werte, selbst wenn die mittlere Bodenpressung solcher Reifen am stillstehenden Rade verhältnismäßig höher ist.

Die Belastung und die Beanspruchung der Straße muß daher nur nach denjenigen Kräften beurteilt werden, welche im Betriebe der Fahrzeuge in ihrem ganzen Geschwindigkeitsbereich auftreten.

Hierzu hat die vorliegende wissenschaftliche Untersuchung von Reifen folgende Erkenntnisse gebracht:

Das Formänderungsvermögen der Reifen.

Die Fähigkeit der Reifen, Unebenheiten der Fahrbahn ohne Vertikalausweichung des Radmittelpunktes zu überbrücken, d. h. die Unebenheit in sich einzubetten, ist abhängig von dem Formänderungsvermögen der Reifen. Je größer der Widerstand ist, welchen ein Reifen zur Einbettung eines Fahrhindernisses leistet, desto stärker weicht das Rad infolge der Formänderungswiderstände nach oben aus und desto größer sind die Schwingungen des Rades und die Bahndrücke bei Fahrt über ein Hindernis.

Je mehr die Bereifung das Hindernis schluckt, um so weniger wird das Rad hochgehoben und um so kleiner sind die hierdurch ausgelösten Schwingungen der Achs- und Wagenmassen.

Vergleicht man die Raddrücke bei Auflage des Reifens auf ebener Fläche und auf derselben Fläche mit aufgelegtem Hindernis für unveränderliche Eindrucktiefen des Reifens auf der Grundfläche, so erhält man in der Differenz der Raddrücke den Formänderungswiderstand des Reifens, d. h. diejenige Kraft, welche das Rad aus seiner bisherigen Höhenlage über der ebenen Auflagefläche nach oben zu beschleunigen sucht. Dieser Formänderungswiderstand ist um so geringer, je vollwertiger der Reifen sich den Unebenheiten auf der Fahrbahn durch Einbettung derselben anschmiegt.

Im praktischen Fahrbetriebe durchwandert ein Hindernis die ganze Auflagefläche des Reifens. Das Hindernis wird dabei fortschreitend in das Reifenprofil bis zu einer größten Tiefe eingebettet, welche gleich der Summe der Reifeneindrückung auf ebener Fahrbahn und der Hindernishöhe ist. Der Formänderungswiderstand durchläuft also alle Werte, welche von der Berührung des unbelasteten Reifenprofils mit der Hinderniskuppe ab bis zur vollen Hinderniseinbettung in die durch den statischen Raddruck bereits vorhandene Reifenabflachung auftreten.

Der vorstehend erläuterte Formänderungswiderstand ist in Abb. 1 für die verschiedenen Reifenarten aufgetragen. Die Abszisse zeigt die Reifeneindrückung, und zwar mit dem Nullwert = der Berührung des nicht eingedrückten Reifens mit der Kuppe des Hindernisses. Die markierten Kurvenpunkte entsprechen der vorstehend gekennzeichneten größten Eindrucktiefe des Hindernisses, wenn sich das Rad beim Überfahren des Hindernisses nicht hebt.

Wie Abb. 1 zeigt, ist der Formänderungswiderstand der Vollgummireifen außerordentlich hoch (oberste gestrichelte Kurve) und erreicht in dem Eindrückungsgebiet, in welchem nur das Hindernis trägt, bereits Werte bis 4400 kg, d. h. die 1,6fache Größe der vollen statischen Reifenbelastung.

Der Kissenreifen (ausgezogene Kurve) und der Hochdruckluftreifen haben bei Eindrückungen bis zur vollen Höhe des Hindernisses gleich große Formänderungswiderstände, welche bei einer Eindrückung gleich der Hindernishöhe 1600 kg betragen. Darüber hinaus wächst aber der Formänderungswiderstand der Kissenreifen an, während derjenige des Hochdruckluftreifens sogar abnimmt.

Dieses Verhalten der Kissenreifen und in erhöhtem Maße der Vollgummireifen ist die Folge der zunehmenden Druckspannungen und der abnehmenden Ausweichmöglichkeit des zwischen Hindernis und Reifenfelge eingespannten Gummimaterials.

Der Niederdruckluftreifen (unterste strichpunktierte Kurve) weist bei voller Einbettiefe des Hindernisses (25 mm) nur 500 kg Formänderungswiderstand auf, welcher ebenfalls bei weiterer Eindrückung des Rades auf dem Hindernis sinkt und bei sehr großen Eindrucktiefen bis zum Nullwert abnimmt.

Der Formänderungswiderstand ist also beim Vollgummireifen über 4,6mal, beim Kissenreifen 1,5mal größer als beim Hochdruckluftreifen. Der Ballonreifen senkt aber den Formänderungswiderstand sogar auf nur 1/3 des Hochdruckluftreifens.

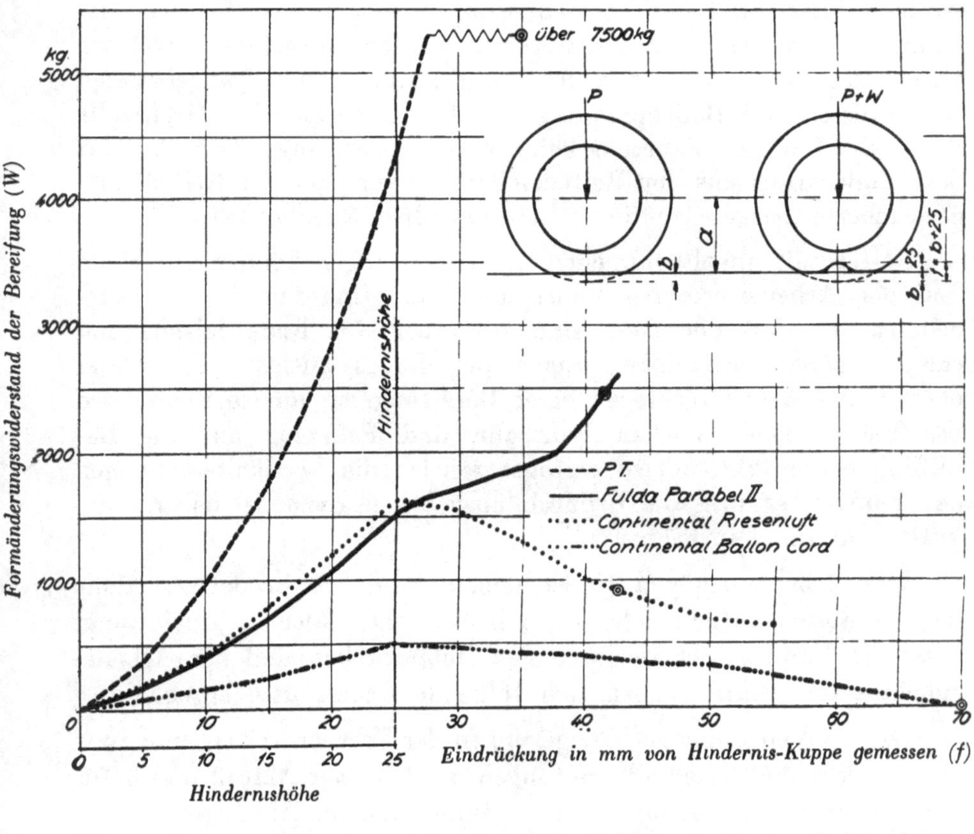

Abb. 1. Formänderungswiderstand der Vollgummi-, Kissen-, Hochdruckluft- und Niederdruckluftreifen (Ballonreifen) bei der Einbettung eines 25 mm hohen Hindernisses.

Arbeitsvermögen und Bahndrücke der Reifen.

Wenn ein starres Rad mit der Belastung P über ein Hindernis von der Höhe h rollt, wird eine Hubarbeit von der Größe $P \cdot h$ im Rad bzw. dem Fahrzeug aufgespeichert und beim Abrollen vom Hindernis wieder an die Fahrbahn abgegeben. Dabei erreicht die Vertikalbewegung des Rades bzw. Wagens den Wert h. Bei höherer Überlaufgeschwindigkeit treten auch erhebliche dynamische Zusatzkräfte auf. Andererseits würde ein Rad mit vollkommen elastischer Bereifung, bei welcher die Bodenpressung für alle Eindrucktiefen konstant bliebe und das Formänderungsvermögen des Reifens vollkommen wäre, einen Arbeitswert im Reifen aufnehmen, welcher gleich dem Produkt des Volumens des im Reifen eingebetteten Hindernisses mal Bodenpressung ist. In diesem idealen Grenzfalle macht das Rad und Fahrzeug keine Vertikalbewegung. Beim Auslauf des Hindernisses aus der Reifeneinbettung wird die im Reifen aufgespeicherte Energie an die Fahrbahn vollwertig abgegeben.

Reifen mit unvollkommenem Arbeitsvermögen können nur einen Teil der Arbeitswerte bei Fahrt über ein Hindernis in sich aufnehmen, so daß der Rest eine Hubarbeit im Rade leistet, und entsprechende Vertikalbewegungen des Rades auslöst. Je größer deshalb das Arbeitsvermögen einer Bereifung ist, um so mehr wird das Energiespiel zwischen Fahrbahn und Fahrzeug auf die Bereifung beschränkt, um so geringer werden die Vertikalbewegungen des Fahrzeuges und die dadurch ausgelösten dynamischen Zusatzkräfte auf die Fahrbahn.

Das Arbeitsvermögen findet seinen Ausdruck in der Zunahme der im Reifen aufgespeicherten Arbeit infolge einer Mehrbelastung. Über die Beziehungen zwischen den Bahndrücken und der Arbeitszunahme der Reifen haben sich folgende Aufschlüsse ergeben:

Die größten Bahndrucksteigerungen der Versuchsreifen, und zwar der Vorder- und Triebradbereifungen, sind in den Abb. 2 und 3 für die beiden 15 und 25 mm hohen Hindernisse in Abhängigkeit von der im II. Teil erläuterten Arbeitszunahme aufgetragen, welche die Bereifung aufnimmt, wenn sie über die statische Belastung hinaus mit 1000 kg Mehrlast beansprucht wird.

Die den drei Fahrgeschwindigkeiten 10, 25 und 40 km/Std. zugehörigen Meßwerte eines Reifens liegen über demselben Abszissenwert.

Hiernach ist die Bahndrucksteigerung um so größer, je kleiner die von der Bereifung aufgenommene Mehrarbeit, d. h. ihr Arbeitsvermögen ist. Bei z. B. 6 mkg beträgt die größte gemessene Bahndrucksteigerung bei 15 mm hohem Hindernis 250%, bei 25 mm hohem Hindernis 520%. Beide Werte sind einem Vollgummireifen zugehörig. Mit zunehmendem Arbeitsvermögen der Reifen fallen die Bahndrucksteigerungen rasch ab.

Bei Kissenreifen (Fulda-Parabel II und Overman-Super) liegt die Bahndrucksteigerung an der unteren Grenze des scharfen An-

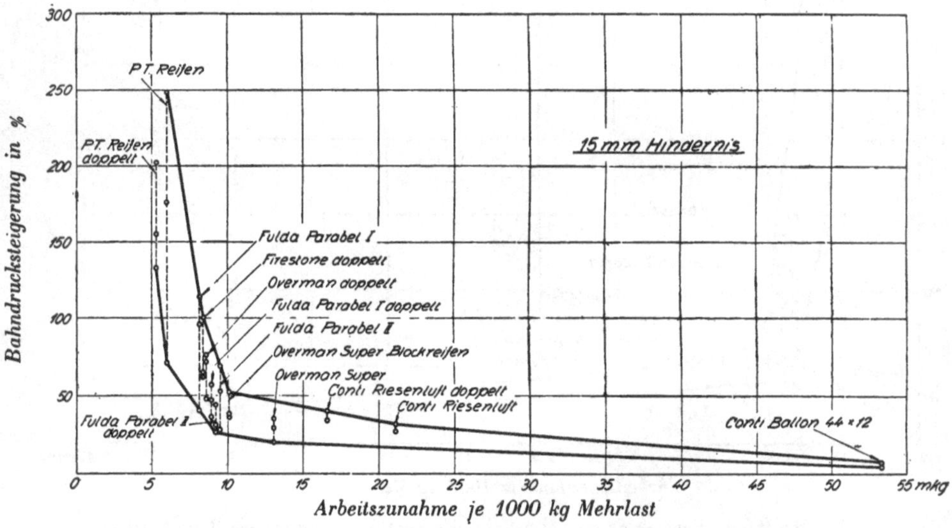

Abb. 2. *Bahndrucksteigerung* in Prozent des statischen Bahndruckes bei verschiedenem Arbeitsvermögen der Bereifungen.

stieges nach den Vollgummireifen hin. Sie beträgt bis 120% beim 15 mm hohen Hindernis, bis 230% beim 25 mm hohen Hindernis. Von hier aus nehmen die Bahndrucksteigerungen mit zunehmendem Arbeitsvermögen allmählich bis auf den sehr günstigen Wert des Ballonreifens ab. Die Bahndrucksteigerung beträgt bei den Hochdruckluftreifen 30 bis 50%, bei den Ballonreifen nur noch 15% des statischen Raddruckes.

Da in den Abb. 2 und 3 die Werte der Bahndrucksteigerung bei verschiedener Fahrgeschwindigkeit für jeden Reifen senkrecht übereinanderliegen, stellt das Gebiet zwischen den beiden nach den

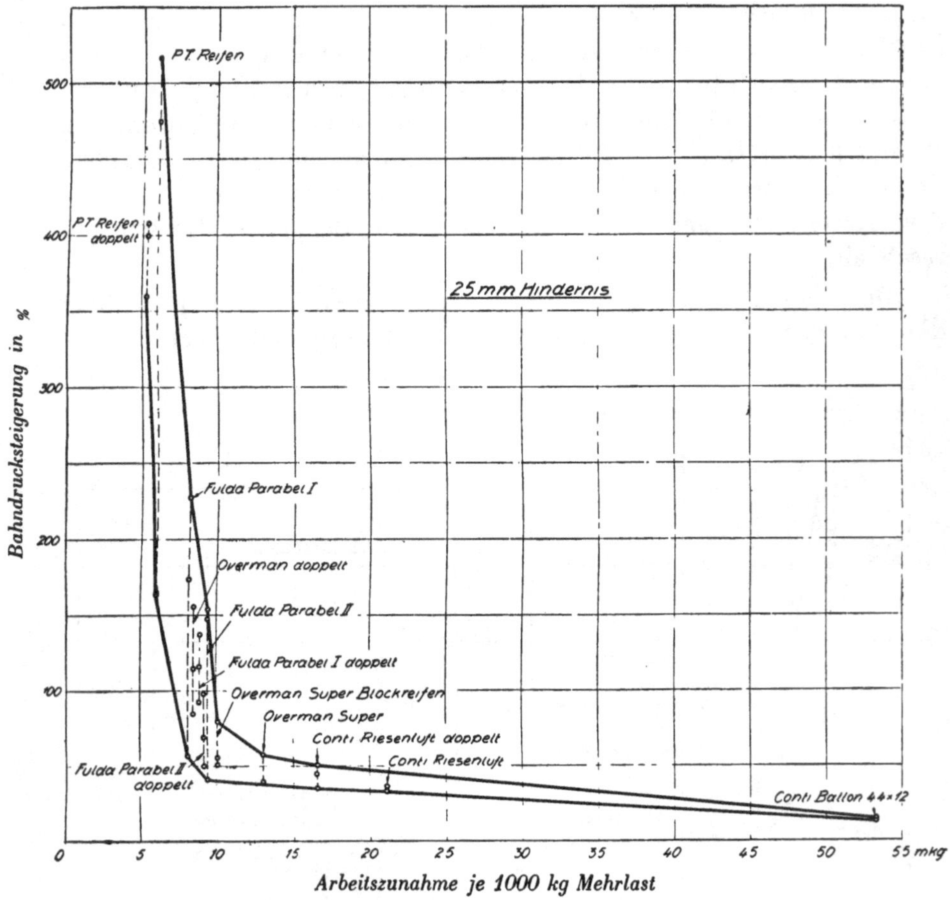

Abb. 3. Bahndrucksteigerung in Prozent des statischen Bahndruckes bei verschiedenem Arbeitsvermögen der Bereifungen.

Kleinstwerten und Höchstwerten eingetragenen Hüllkurven in jeder Abbildung den Einfluß der Fahrgeschwindigkeit auf die Straßenbelastung dar. Bei den Vollgummireifen mit geringem Arbeitsvermögen und außerordentlich hohen Bahndrücken (linke Enden der Hüllkurven) treten mit wechselnder Fahrgeschwindigkeit große Unterschiede in den Bahndrücken auf, jedoch sind die Höchstwerte nicht durchweg den höchsten Fahrgeschwindigkeiten zugehörig. Je höher das Arbeitsvermögen der Reifen ist, desto mehr verschwindet der Einfluß der Fahrgeschwindigkeit. Schon im Gebiet der Kissenreifen von etwa 10 mkg an aufwärts ist der Einfluß der Fahrgeschwindigkeit bedeutungslos.

Als ausgesprochene Grenze zwischen wenig elastischen und hochelastischen Reifen hebt sich in den Abb. 2 und 3 die Arbeitszunahme von 10 mkg heraus. Auf dieser Grenze wird der Raddruck im Fahrbetriebe um 50 bis 80 % über den statischen Raddruck erhöht.

Um diese ausgesprochene Grenze von 10 mkg Arbeitszunahme gruppieren sich die Kissenreifen. Sie liegen teils im Gebiet der weniger elastischen, teils im Gebiet der hochelastischen Reifen. Ihre Elastizitätswerte streuen je nach dem Gütegrade. An der Höhe der Bahndrucksteigerung gemessen, sind als Kissenreifen alle Reifen anzusprechen, welche eine Arbeitszunahme von 8 bis 12 mkg aufweisen.

Die Arbeitszunahme je 1000 kg Mehrlast, welche den Gütegrad der Reifen bestimmt, beträgt bei:

Vollgummireifen	4 bis 8 mkg
Kissenreifen	8 „ 12 „
Hochdruckluftreifen . . .	15 „ 23 „
Ballonreifen	bis 60 „

Der Unterschied im Arbeitsvermögen der Reifen gleicht sich durch einen mehr oder weniger großen Anhub des Rades oder des Fahrzeuges aus, und zwar wird das Fahrzeug um so höher gehoben und schlägt um so heftiger auf die Straße auf, je geringer das Arbeitsvermögen des Reifens ist. Das Kräftespiel bleibt also bei Reifen mit geringerem Arbeitsvermögen nicht mehr überwiegend auf Reifen und Fahrbahn beschränkt, sondern zieht den ganzen Wagen in Mitleidenschaft.

Beziehung zwischen dem Arbeitsvermögen und der Eindrückung der Reifen.

Ein Reifen mit konstanter Arbeitszunahme in seinem ganzen Belastungsgebiet hat die in Abb. 4 schematisch dargestellte Charakteristik der Belastung und Eindrückung. Steigert man eine beliebige Anfangsbelastung von z. B. $P_2 = 2000$ oder $P_4 = 4000$ kg um 1000 kg, so nimmt dieser Reifen immer dieselbe Arbeit infolge der Belastungssteigerung auf. Diese Arbeitszunahme ist durch die einzelnen unter sich gleichen Teilflächen F_1 und F_2 usw. bildlich dargestellt. Man ersieht aus Abb. 4, daß ein Reifen konstanter Arbeitszunahme bei niedrigen Belastungen große Eindrückungen hat, welche mit zunehmender Belastung fortschreitend abnehmen.

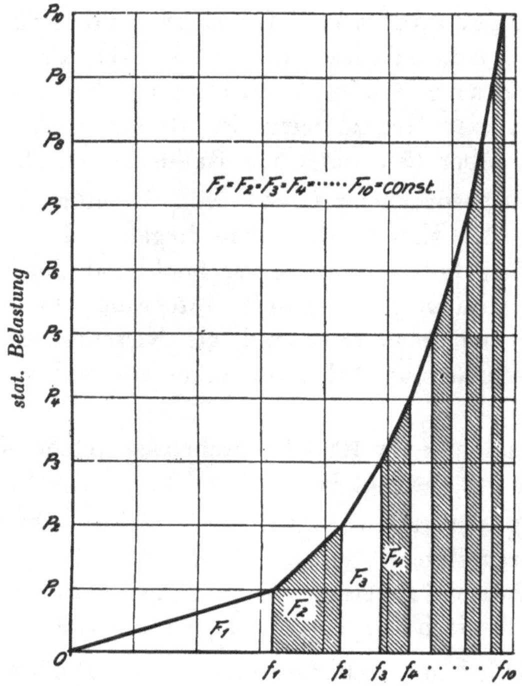

Abb. 4. Federungs-Charakteristik eines Reifens mit konstanter Arbeitszunahme bei konstanter Belastungszunahme.

Zu jeder Anfangsbelastung des Reifens gehört eine eindeutig bestimmte Zunahme der Reifeneindrückung, wenn ein bestimmter Wert der Arbeitszunahme vorhanden sein soll. Wenn ein Reifen in irgendeinem Belastungsbereich härter, also seine Arbeitszunahme kleiner wird, so wachsen in diesem Bereich auch die Bahndrücke.

Die Beziehungen zwischen dem Arbeitsvermögen und der Bahndrucksteigerung (Abb. 2 und 3) einerseits und zwischen dem Arbeitsvermögen und der Reifeneindrückung (Abb. 4) andererseits sind zu einer Klassifizierungstafel (Abb. 5) vereinigt. In dieser sind als Abszissenwerte die Anfangsbelastungen eines beliebigen Reifens und Fahrzeuges von 0 bis 3000 kg, als Ordinate die Werte der zusätzlichen Eindrückung je 1000 kg Mehrlast eingetragen. Die Kurven in Abb. 5 sind die Werte konstanter Arbeitszunahme.

Nach den vorangestellten Erörterungen gehört den Vollgummireifen das Gebiet zwischen 4 bis 8 mkg (schwarze Fläche), den

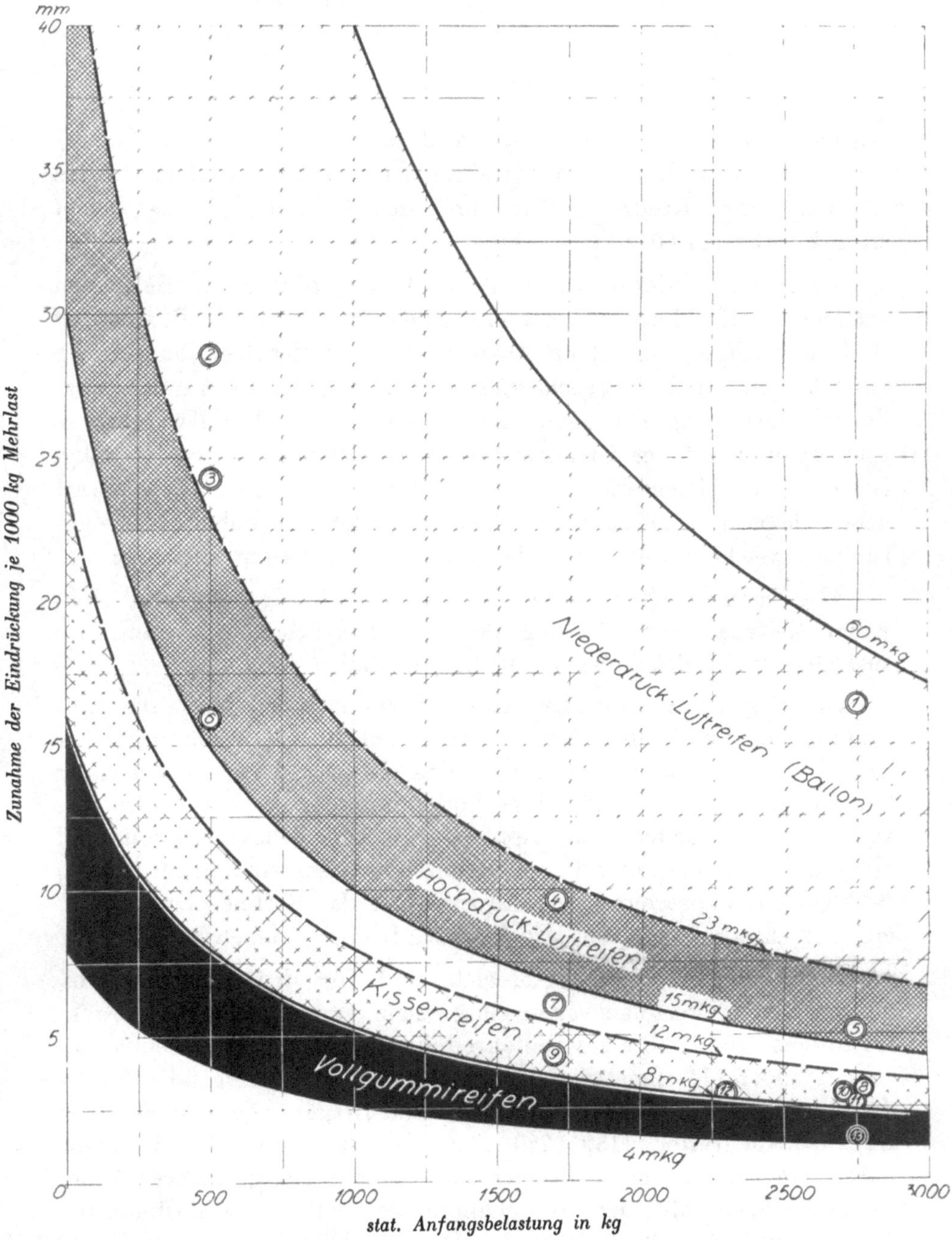

Abb. 5. Klassifizierungstafel.
Zusammenhang zwischen stat. Radbelastung, Zunahme der Eindrückung je 1000 kg Mehrlast des Rades und dem Arbeitsvermögen der Reifen.

1 *Conti-Ballon 44″ × 12″, 3,5 at. Luftdruck.*
2 *Goodyear-Ballon 30″ × 5,77″.*
3 *Goodyear-Ballon 31″ × 4,95″.*
4 *Conti-Riesenluft 1150 × 250, 8 at. Luftdruck.*
5 *Conti-Riesenluft 1150 × 250 doppelt, 8 at. Luftdruck.*
6 *Conti-Cord 820 × 120.*
7 *Overman-Super 770 × 140.*
8 *Overman-Super-Blockreifen 850 × 300.*
9 *Fulda-Parabel II 770 × 150 × 985.*
10 *Fulda-Parabel II 1065 × 150 × 850 doppelt.*
11 *Overman 850 × 150 doppelt*
12 *Firestone 34″ × 6″.*
13 *Fulda-Vollgummi 1030 × 140 × 850 doppelt.*

Kissenreifen das Gebiet zwischen 8 bis 12 mkg (weite Kreuzschraffur), den Hochdruckluftreifen das Gebiet zwischen 15 bis 23 mkg (enge Kreuzschraffur) und den Ballonreifen das Gebiet über 23 mkg bis 60 mkg.

Diese Klassifizierungstafel (Abb. 5) gibt folgende an Beispielen erläuterte Aufschlüsse. Irgendeine Reifenart ist für z. B. 1500 kg Raddruck vorgesehen. Beim Aufbringen einer Mehrlast von 1000 kg zusätzlich zu der Anfangsbelastung von 1500 kg werden 5 mm zusätzliche Eindrückung gemessen. Der Reifen zeigt über der Abszisse 1500 kg und auf der Ordinate 5 eine Arbeitszunahme von 10 mkg, ist also ein Kissenreifen mittlerer Güte. Mit diesem Arbeitswert geben dann die Abb. 2 und 3 Auskunft über die Bahndrucksteigerungen, welche im Fahrbetriebe durch diesen Reifen entstehen.

Man kann mit Hilfe der Klassifizierungstafel den Gütegrad eines jeden Reifens nach Messung der statischen Raddrücke und der zusätzlichen Eindrückung eindeutig feststellen.

Die allgemeine Gültigkeit dieses Verfahrens ist durch die Eintragung einiger Werte der untersuchten Reifen erhärtet. Über 2750 kg Raddruck, entsprechend den Hinterrädern der Berliner Omnibusse sind die Werte eines Vollgummidoppelreifens, eines einfachen und doppelten Kissenreifens, eines Hochdruckluftreifens und eines Ballonreifens aufgetragen. Unter anderem sind über 1700 kg Raddruck (entsprechend den Vorderrädern der Berliner Omnibusse) ein Kissenreifen und ein Hochdruckluftreifen eingetragen.

Im niedrigen Belastungsbereich sind für den Raddruck von 500 kg die an Personenwagen gemessenen Werte eines Hochdruckluftreifens 820×120, eines Ballonreifens 31×4,95″ und eines Ballonreifens 30×5,77″ eingetragen. Hiernach hat der erstere mit 16 mkg dasselbe Federungsvermögen für Personenwagen wie der doppelte Hochdruckluftreifen 1150×250 für die Omnibusse. Andererseits haben die beiden Personenwagen-Ballonreifen ein geringeres Federungsvermögen als der für Omnibusse bestimmte Ballonreifen 44×12″ mit 3½ at Luftdruck. Die Bahndrucksteigerung dieser Personenwagenreifen (Ballonreifen bis Hochdruckluftreifen) beträgt laut III. Teil dieser Schrift 29 % bis 57 % des statischen Raddruckes.

Wenn die bei Ballonreifen abnehmende Seitenstabilität der Fahrzeuge keine niedrigere Grenze für die Entwicklung der Ballonreifen bedingt, wird bald der letzte Schritt bis zur idealen Abfederung der

Fahrzeugmassen in der Vervollkommnung der Reifen getan sein. Bei 60 mkg Arbeitsvermögen der Reifen verschwinden die dynamischen Zusatzkräfte an der Fahrbahn nahezu vollkommen.

Bedingungen für die Verhütung starker Straßenbeanspruchung.

Mit der Steigerung des Lastwagenverkehrs sind schwere Straßenzerstörungen zutage getreten, welche von seiten der Wegeunterhaltungspflichtigen den Ruf nach behördlicher Abhilfe aufkommen ließen. Anlaß zu diesen schädlichen Begleiterscheinungen war die Beibehaltung der primitiveren, wenig elastischen Gummibereifungen auch für Lastwagen mit höheren Verkehrsleistungen.

Die Schaffung hochelastischer Bereifungen hat diesen für den Lastentransport auf Straßen kritischen Zustand durchbrochen. Der große Erfolg in der Vervollkommnung der Reifen gibt nicht allein dem Lastwagen als Transportmittel weite Entwicklungsmöglichkeiten, sondern vermindert auch sehr wirksam die Straßenbeanspruchung und die Kosten der Wegeunterhaltung.

Aus den Erkenntnissen über die Wechselwirkungen zwischen Reifen und Straße und über die Klassifizierung der Reifen nach ihrem wirklichen Gütegrad ergeben sich folgende Bedingungen für die Verhütung starker Straßenbeanspruchung:

Die Verwendung von Reifen mit geringerer Elastizität (Vollgummireifen und schlechte Kissenreifen mit weniger als 8 mkg Arbeitsvermögen) ist unzulässig. Selbst Fahrzeuge mit mäßigem Gewicht, aber wenig elastischen Reifen, beanspruchen die Straße infolge der großen dynamischen Zusatzkräfte stark.

Sofern solche Reifen ausnahmsweise für Motorschlepper u. dgl. noch benutzt werden, muß die Fahrgeschwindigkeit auf höchstens 15 km/Std. beschränkt werden.

Fahrzeuge mit höheren Verkehrsleistungen, insbesondere mit mehr als 15 km/Std. Fahrgeschwindigkeit müssen Reifen mit mindestens 8 mkg Arbeitsvermögen (mindestens Kissenreifen) verwenden.

Luftreifen, für welche ein Arbeitsvermögen von 13 bis zu 50 mkg nachgewiesen ist, sind das wirksamste Mittel zur Schonung der Straße. Für Luftreifen können um 50 % höhere Achsdrücke als bisher und beliebige Fahrgeschwindigkeiten zugelassen werden.

Die große volkswirtschaftliche Bedeutung der Verwendung hochelastischer Reifen rechtfertigt für Fahrzeuge mit solchen Bereifungen eine Vergünstigung in der Kraftfahrzeugsteuer. Diese müßte nach dem Arbeitsvermögen entweder fortschreitend oder in einigen Stufen gewährt werden. Die Zugehörigkeit eines Reifens zu einer Reifenklasse (Vollgummi-, Kissen-, Luftreifen) ist durch das Arbeitsvermögen des Reifens (vgl. Klassifizierungstafel 5), aber nicht ausschließlich durch seine Bauart bestimmt.

Bei einem Verbot der wenig elastischen Vollgummireifen mit weniger als 8 mkg Arbeitsvermögen würde den Luftreifen eine Vergünstigung von 15 % zukommen. Wenn der Normalsteuersatz für Fahrzeuge mit wenig elastischen Vollgummireifen (8 bis 12 mkg Arbeitsvermögen) festgesetzt wird, würde den Kissenreifen 23 %, den Luftreifen 36 % Steuervergünstigung zu gewähren sein. Diese Sätze ergeben sich unmittelbar aus dem nachgewiesenen Verhältnis der bei gleichem Fahrzeuggewicht für die drei Reifenklassen ermittelten höchsten Bahndrücke im Betrieb.

II. TEIL

LASTWAGEN- UND OMNIBUSREIFEN

Übersicht über die untersuchten Reifen.

In den Vorversuchen sind untersucht worden:

Fulda-Vollgummi I, 930×120×770.
Fulda-Vollgummi II, 930×120×770.
Fulda-Riese I, 980×140×770.
Fulda-Riese II, 980×140×770.
Fulda-Riese, 910×120×720.
Fulda-Vollgummi, 870×100×720.
Continental-Hohlraum, 930×150.
Fulda-Blockreifen mit Glockenprofil I, 1030×240×770.
Fulda-Blockreifen mit Glockenprofil II, 1030×240×770.
Fulda-Blockreifen, 1110×280×850, doppelt.
Fulda-Riese, 1065×150×850, doppelt.
Fulda-Vollgummi, 1030×140×850, doppelt.
Fulda-Riese, 960×200×720, doppelt.
Fulda-Vollgummi, 870×100×720, doppelt.
Continental-Hohlraum, 1030×150×850, doppelt.
Continental-Vollgummi, 1030×140×850, doppelt.
Continental-Riesenluft, 1075×225.
Peters-Union-Vollgummi, 930×120.

In den Hauptversuchen wurden untersucht:

A. Vollgummireifen.

1. Vorwerk-Reifen
der Fa. Vorwerk & Co. in Barmen (Abb. 6).

Die Allgemeine Berliner Omnibus-Aktiengesellschaft verwendet u. a. diesen Reifen, welcher mit dem Ziel der Erhöhung des Haftvermögens besonders hergestellt ist.

Abb 6. Vorwerk. Triebrad-Doppelreifen.

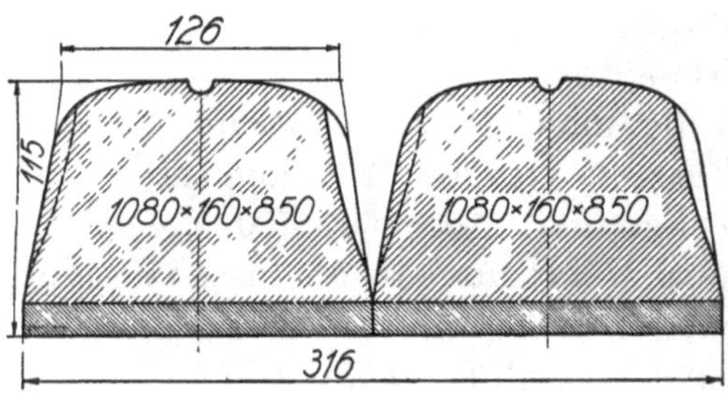

Abb 7. Vorwerk (Triebradbereifung).

Das Reifenprofil ist aus Abb. 7 ersichtlich. Seine Lauffläche ist gewölbt und hat in der Mitte eine Rille. Der Übergang zu den Seitenwänden ist stark abgerundet. Zu beiden Seiten hat der Reifen Einkerbungen von nur geringer Tiefe.

Der Doppelreifen eines Triebrades (1080 × 160 × 850) wiegt 206,5 kg.

Abb. 8. Fulda-Parabel-Kissenreifen I und II.

B. Kissenreifen.

2. Fulda-Parabel-Kissenreifen der Fa. Gummiwerke Fulda A.-G. in Fulda (Abb. 8).

Profil des Vorderradreifens (Abb. 9), des Hinterrad-Doppelreifens (Abb. 10). Das Reifenprofil ist auf einer breiten Grundfläche aufgebaut und verjüngt sich stark nach außen. Die Seiten des Profils verlaufen nach Parabeln. Die Lauffläche ist leicht gewölbt und hat in der Mitte eine Ringrille. Die rechte und linke Profilseite haben zueinander versetzte Einschnitte. Das Stahlband ist auf seiner Mantelfläche konkav ausgehöhlt. Im Stahlband und im Fuß des Reifenprofils ist ein kleiner Hohlraum vorgesehen.

Der Fulda-Parabel-Kissenreifen wurde an den Vorder- und Triebrädern in zwei verschiedenen Ausführungen untersucht. Beide haben die gleichen Abmessungen und unterscheiden sich nur durch Auswahl und Verarbeitung des Gummimaterials. Ein Vergleich der Versuchsergebnisse beider Reifen läßt den Einfluß der Gummibeschaffenheit bei gleichen Querschnittsformen erkennen.

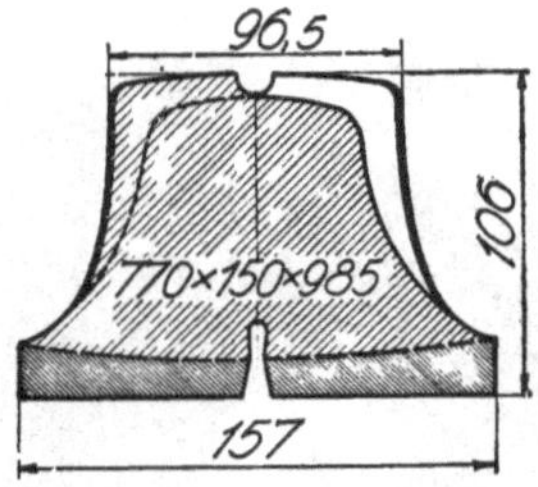

Abb. 9. Fulda-Parabel I und II (Vorderradbereifung).

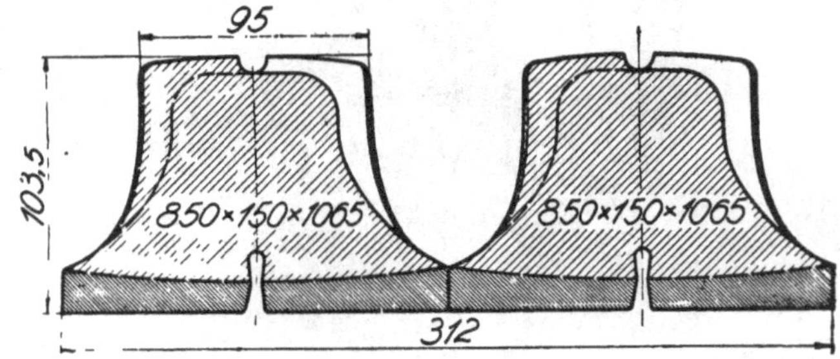

Abb. 10. Fulda-Parabel I und II (Triebradbereifung).

Ein Vorderradreifen (770 × 150 × 985) wiegt:
Fulda-Parabel I 68 kg,
„ „ II 63 kg.

Ein Triebraddoppelreifen (850 × 150 × 1065) wiegt:
Fulda-Parabel I 150 kg,
„ „ II 141 kg.

3. Ein Kissenreifen, Versuchsbezeichnung „PT" (Abb. 11).

Profil des Vorderradreifens (Abb. 12), des Hinterrad-Doppelreifens (Abb. 13). Das Profil ist zur Reifenhöhe verhältnismäßig breit. Der Reifenkern ist voll, ohne Hohlraum. Die Profilseiten sind zueinander versetzt eingeschnitten. Den Einschnitten gegenüber ist die Profilflanke mit je einer Aushöhlung versehen. Die Mantelfläche des Stahlbandes ist zylindrisch.

Der PT-Reifen wurde als Einfachreifen für die Vorderräder und als Doppelreifen für die Triebräder verwendet.

Ein Vorderradreifen (985 × 150 × 770) wiegt: 68 kg.

Ein Triebraddoppelreifen (1065 × 150 × 850) wiegt: 152 kg.

Abb. 11. P. T. Triebrad-Doppelreifen.

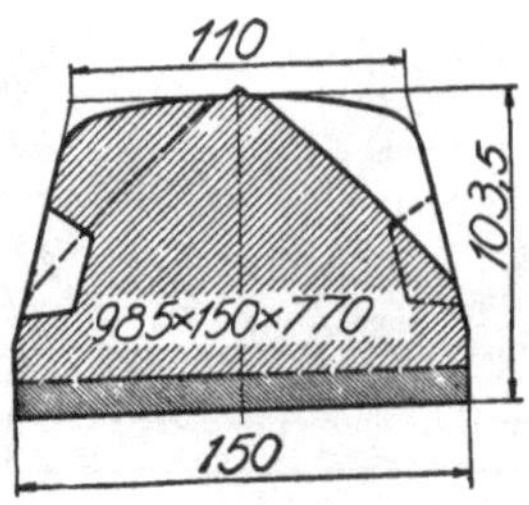

Abb. 12. P. T. (Vorderradbereifung).

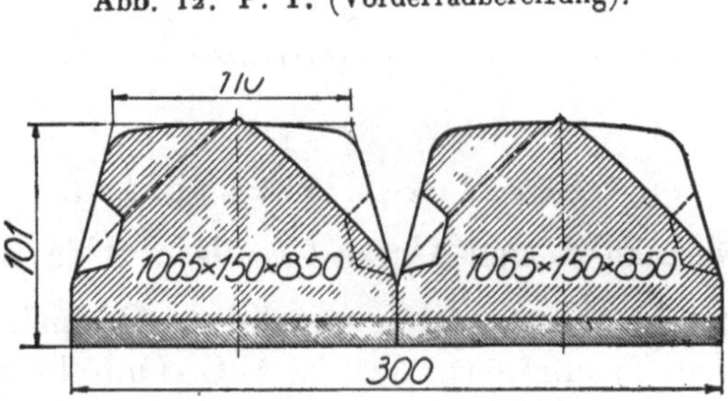

Abb. 13. P. T. (Triebradbereifung).

Abb. 14. Overman-Triebrad-Doppelreifen.

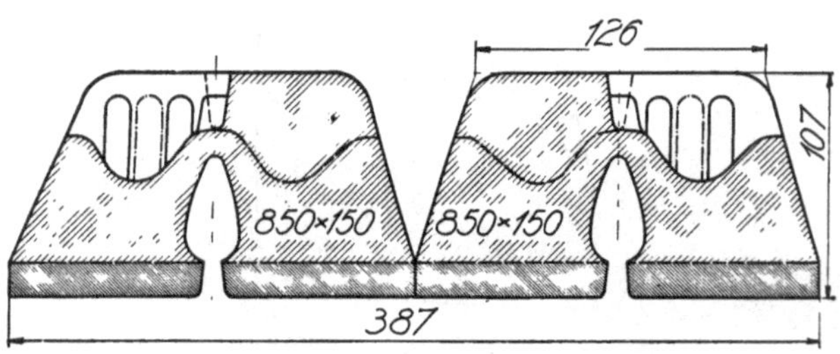

Abb. 15. Overman (Triebradbereifung).

4. Overman-Kissenreifen

der Fa. Overman-Reifen-Aktien-Gesellschaft in Amsterdam.

a) Ein normaler Kissenreifen wurde als Doppelreifen (Abb. 14 und 15) auf den Triebrädern des N. A. G.-Omnibusses untersucht. Der Querschnitt des Reifens ist zur Höhe verhältnismäßig breit. Die

Abb. 16.
Overman-Super-Vorderradreifen.

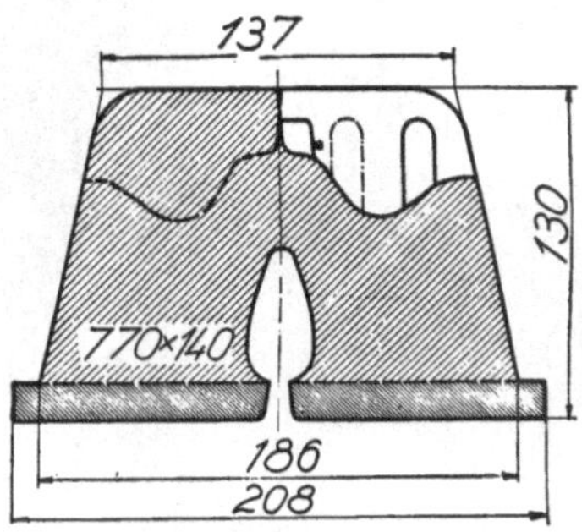

Abb. 17. Overman-Super (Vorderradbereifung).

Stahlbandbreite des Doppelreifens überschreitet mit 387 mm die übliche Felgenbreite, so daß die Reifen an beiden Seiten der Felge überstehen. In jedem Einzelprofil ist ein reichlich dimensionierter Luftraum über dem geschlitzten Stahlband vorgesehen. Die Lauffläche und Seitenwände sind gerade. Wechselseitig hat der Reifen zu beiden Seiten Einschnitte von 18 mm Breite, die über die Mitte der Lauffläche hinausreichen. In den Einschnitten befinden sich Gummizungen, die sich bei Belastung des Reifens an die gegenüberliegende Wand des Einschnittes anlegen und das Einklemmen von Steinen verhindern sollen (Abb. 16).

Zwei Triebradreifen (850×150) wiegen 196 kg.

b) Overman-Super. Die Fa. Overman stellt einen weiteren Kissenreifen mit erhöhter Federungswirkung und der zusätzlichen Bezeichnung „Super" her. Dieser Reifen wird als Einfachreifen (Abb. 16 und 17) auf den Vorderradrädern und als Blockreifen (Abb. 18 und 19) auf den Triebrädern gefahren.

Abb. 18. Overman-Super-Blockreifen.

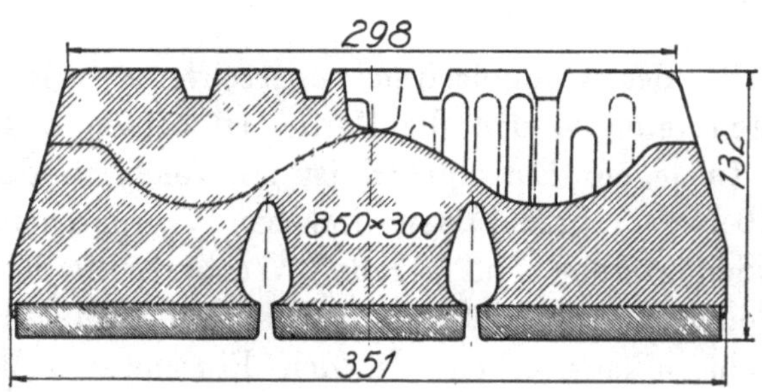

Abb. 19. Overman-Super (Blockreifen).

Diese Reifen zeichnen sich besonders durch die Höhe des Profils aus. Die Stahlbandbreiten überschreiten wiederum die für die Felgen üblichen Abmessungen. Das Stahlband des Blockreifens ist zweimal geschlitzt, der Reifen hat zwei Lufträume. Anordnung und Gestaltung der Einschnitte entspricht der oben besprochenen Ausführung. Die Lauffläche des Blockreifens trägt vier Rillen, um das seitliche Haftvermögen des Reifens beim Auftreten seitlicher Kräfte zu erhöhen.

Ein Vorderradreifen (770×140) wiegt 97 kg.

Ein Triebradreifen (850×300) wiegt 215 kg.

5. Firestone-Kissenreifen

der Fa. Firestone, Tire & Rubber Co. in Akron, Ohio, U. S. A. (Abb. 20).

Der Firestone-Reifen ist ein Vollreifen mit glatten Außenwänden. Das Profil ist schmal und hoch auf breiter Grundfläche, die Lauf-

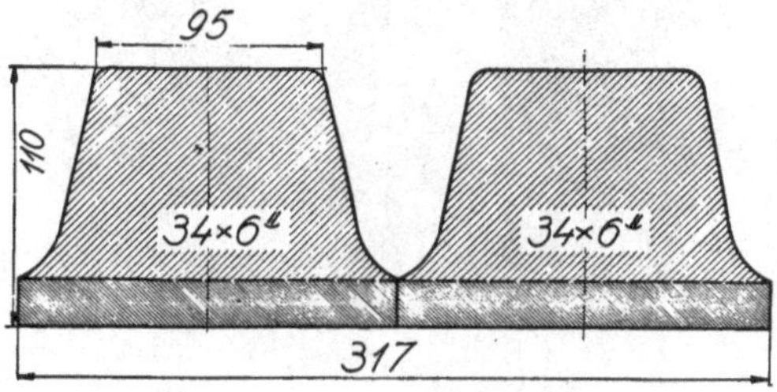

Abb. 20. Firestone (Triebradbereifung).

fläche gerade. Er wird als Einfachreifen an den Vorder- und als Doppelreifen an den Triebrädern verwendet.

Diese Reifen wurden an dem Fahrgestell des Chicagoer Omnibus der Yellow Coach Mfg. Co. untersucht, welches von der Allgemeinen Berliner Omnibus-Aktiengesellschaft für Studienzwecke angekauft und zur Verfügung gestellt worden war. Betreffend Ergebnisse der Untersuchung des Fahrgestells vgl. „Der Motorwagen“, Heft 19, 1926.

C. Luftreifen.

6. Continental-Riesen-Hochdruckreifen

der Fa. Continental Caoutchouc und Gutta-Percha Comp. in Hannover (Abb. 21).

Dieser Reifen wird als Einfachreifen auf den Vorderrädern und als Doppelreifen auf den Triebrädern gefahren. Die Abmessungen der Vorder- und Triebradreifen sind die gleichen, so daß nur ein Ersatzreifen mitgeführt werden muß.

Die Abmessungen der hier untersuchten Reifen zeigt Abb. 22 Der Reifen ist ein Geradseitreifen mit Drahteinlagen. Er wird auf

Abb. 21. Continental-Riesenluft-Doppelreifen.

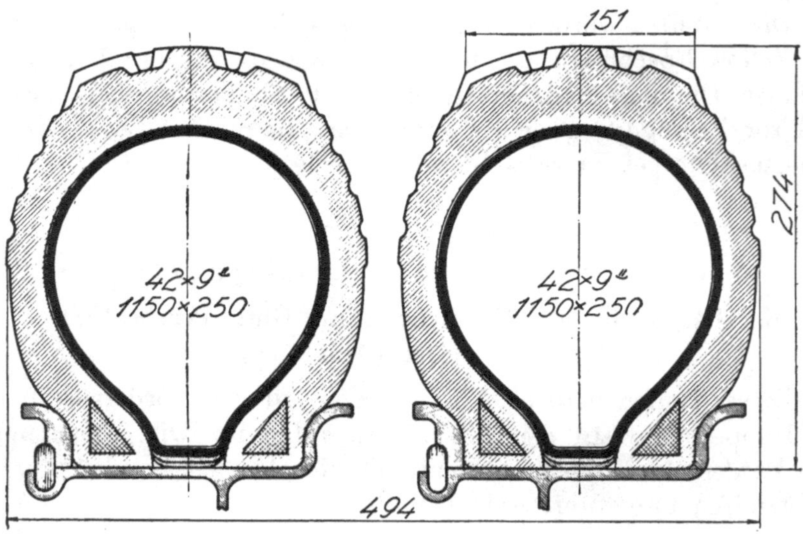

Abb. 22. Continental-Riesenluft-Doppelreifen (Triebradbereifung).

die Felge aufgeschoben und durch einen Seitenring und einen in einer Nute liegenden, geteilten Verschlußring gehalten.

Der Schlauch ist durch ein Felgenband geschützt. Der Luftinnendruck beträgt 8 at und wurde vor allen Versuchen eingestellt. Die Lauffläche ist gewölbt und durch kreuzartige Einschnitte und Ringrillen gemustert. (Vgl. Reifenabdruck Abb. 31.) Jeder Einschnitt besitzt eine seitlich abzweigende Rille, durch die bei der Zusammendrückung die im Einschnitt befindliche Luft entweichen und wieder zuströmen kann.

Ein Stahlgußvorderrad mit Conti-Riesenluftreifen (1150×250) wiegt 179,7 kg.

Ein Stahlgußtriebrad mit Conti-Riesenluftdoppelreifen wiegt einschließlich Bremstrommel 412 kg. Eine Decke wiegt 66 kg.

7. Continental-Ballonreifen (Niederdruckreifen) (Abb. 23).

Diese Reifen sind von der Allgemeinen Berliner Omnibus-Aktiengesellschaft zunächst versuchsweise für dreiachsige Omnibusse bestimmt.

Abb. 24 zeigt das Reifenprofil. Der Reifen ist ein Geradseitreifen und wird nur als Einfachreifen für alle Achsen verwendet. Die Decke ist ähnlich der untersuchten Riesenluft-Hochdruckdecke gemustert.

Eine Decke 44″×12″ wiegt 70,0 kg, ein Schlauch 5,8 kg. Der Luftdruck beträgt 3,5 at.

Die Reifen Nr. 2, 3, 4, 6, 7 wurden an einem 30/45 PS N. A. G.-Omnibusfahrgestell untersucht. Das Gewicht des Fahrgestelles mit Karosserie beträgt 5400 kg, die Nutzlast 3500 kg. Der Vorderachsdruck des beladenen Fahrzeuges ist entsprechend der zurückgesetzten Vorderachse verhältnismäßig hoch und beträgt 3400 kg, der Hinterachsdruck 5500 kg (Abb. 26). Das Fahrgestell wurde entsprechend diesen Achsdrücken mit Gewichten beschwert und diese Belastung in allen dynamischen Versuchen beibehalten.

Die größte Radnabenleistung an den Hinterrädern wurde zu 25,5 PS bei 35 km/Std. Fahrgeschwindigkeit gemessen. Bei höheren Fahrgeschwindigkeiten fällt die Leistung ab.

Die Vorderräder und die Triebräder des N. A. G.-Omnibusses waren normalerweise für Vollgummibereifung eingerichtet. Für Riesenluftreifen wurden besondere Räder aufmontiert. Das Vorderrad für Vollgummibereifung hat einen Felgendurchmesser von

Abb. 23. C o n t i n e n t a l - R i e s e n b a l l o n r e i f e n 44 × 12″.

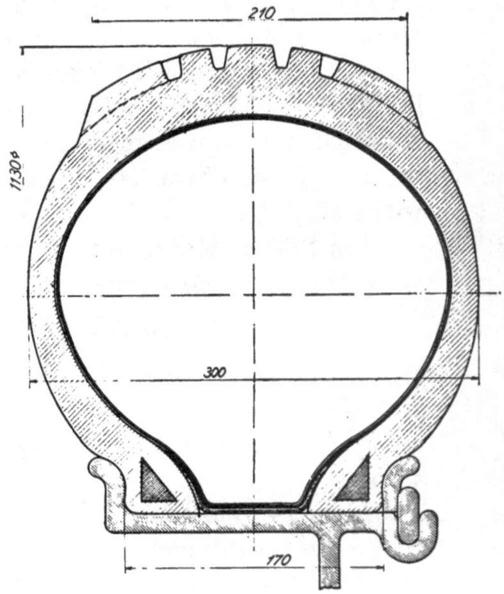

Abb. 24. C o n t i n e n t a l - R i e s e n b a l l o n r e i f e n 44 × 12″.

770 mm und eine Felgenbreite von 150 mm. Das Gewicht des Rades ohne Bereifung beträgt 94 kg.

Das Triebrad für Vollgummireifen hat 850 mm Felgendurchmesser, 300 mm Felgenbreite und wiegt ohne Bereifung einschließlich Bremstrommel 220 kg.

Beide Räder sind aus Stahlguß hergestellt.

Die Allgemeine Berliner Omnibus-Aktiengesellschaft hat in dem Bestreben, das Gewicht der unabgefederten Massen herabzudrücken und damit die Federung des Fahrzeuges zu verbessern, die Straße zu schonen und die Wirtschaftlichkeit zu erhöhen, auf Grund der günstigen Ergebnisse langer und schwerer Vergleichserprobungen E l e k t r o n r ä d e r in größerem Umfange in Dienst gestellt. Das Gewicht des Elektrontriebrades mit 850 mm Felgendurchmesser und 300 mm Felgenbreite beträgt 66,5 kg gegenüber 141 kg des heute verwendeten gleichgroßen Stahlrades.

Versuchsverfahren

Die Federungswirkung der Reifen ist in einer statischen und einer dynamischen Prüfung festgestellt worden. Außerdem sind die Rollverluste und das Haftvermögen der Bereifungen gemessen worden.

Bei der s t a t i s c h e n Untersuchung wurde die Eindrucktiefe der Bereifung eines vom Fahrzeug abmontierten Rades bei verschiedenen Druckbelastungen auf einer Werdermaschine gemessen. Dabei steht der Reifen auf einer ebenen Grundfläche, ferner auf einem Hindernis von 15 mm bzw. 25 mm Höhe, deren Profile in Abb. 25 festgelegt sind.

Die A u f l a g e f l ä c h e der Bereifung auf ebener Grundfläche wird durch Abdruck der mit einem Farbstoff eingeriebenen Lauf-

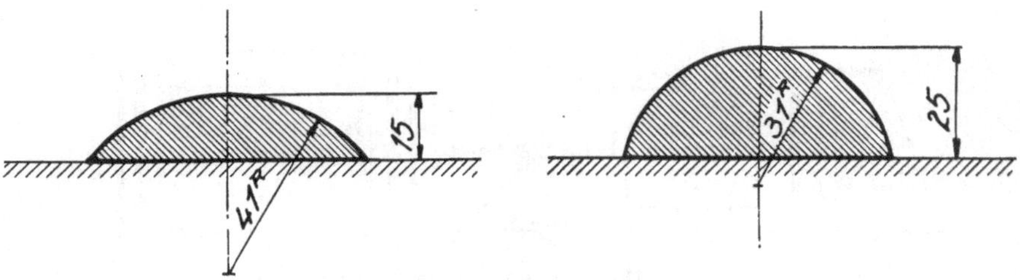

Abb. 25. H i n d e r n i s p r o f i l e für die Reifenuntersuchung.

fläche auf Papier bei verschiedenen Druckbelastungen gemessen.

Die m i t t l e r e B o d e n p r e s s u n g ist das Verhältnis Reifenbelastung zur Auflagefläche.

Die d y n a m i s c h e Untersuchung der Bereifung erfolgte auf dem Wagenprüfstande der Versuchsanstalt für Kraftfahrzeuge der Technischen Hochschule zu Berlin (Abb. 26).

Zur Untersuchung der Bereifung laufen die Vorderräder bzw. Triebräder des Fahrzeuges auf den als Fahrbahn dienenden Lauftrommeln des Prüfstandes.

Zur Untersuchung der Federungswirkung der Reifen wird auf eine Lauftrommel des Prüfstandes das 15 bzw. 25 mm hohe Hindernis aufgeschraubt. Die hierdurch ausgelösten Radschwingungen werden mit Hebelübersetzung auf eine Indikatortrommel gezeichnet. Aus den Schwingungen ist der Abstand der Radmitte von der Fahrbahn und damit die Eindrucktiefe der Bereifung in jeder Stellung des Rades ablesbar und ergibt mit den Werten der statischen Federungscharakteristik die vertikalen und horizontalen Bahndrücke.

Abb. 26. Omnibusfahrgestell mit Versuchsreifen auf dem Wagenprüfstande der Versuchsanstalt für Kraftfahrzeuge der Techn. Hochschule zu Berlin.

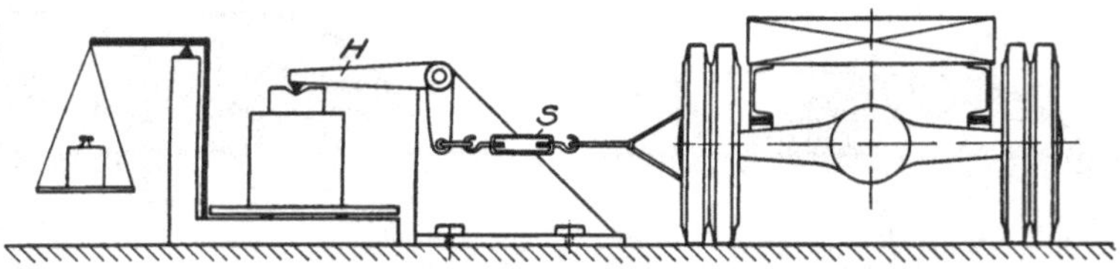

Abb. 27. Messung der Querfederung

Das Haftvermögen der Triebradbereifung auf der Fahrbahn ist bei den im Betriebe durch Übertragung der Antriebsleistung auftretenden Drehmomenten und getrennt davon bei achsialen Schubkräften bestimmt worden.

Der Schlupf der Triebräder ist aus der Drehzahlzunahme des Leistung übertragenden Rades zur Drehzahl des leerlaufenden Rades bei gleicher Fahrgeschwindigkeit ermittelt worden.

Das Haftvermögen der Bereifung beim Auftreten seitlicher Kräfte wurde mit der in Abb. 27 dargestellten Versuchseinrichtung gemessen.

Versuchsergebnisse

Auflagefläche und Bodenpressung der Reifen.

Die Abb. 28 bis 31 zeigen die Abdrücke der Auflageflächen der Vorderradbereifungen bei 2000 kg Raddruck und die der Triebradbereifungen bei 3000 kg Raddruck.

Die Abdrücke lassen die Musterung der Lauffläche und zusammen mit den Querschnitten auch deren Verbreiterung und Verzerrung erkennen.

Die Größe der Auflagefläche bei verschiedenen statischen Belastungen ist in den Abb. 32 und 33 dargestellt. In der Abszisse sind die Auflageflächen, in der Ordinate die Belastungen aufgetragen. Die durch den Nullpunkt gehenden Strahlen geben die mittlere Pressung an.

Die Doppelkreise in den Abb. 32 und 33 zeigen die dem statischen Raddruck des beladenen Fahrzeuges entsprechenden Werte.

Die spezifische Bodenpressung der Kissenreifen ist bei kleinen Radbelastungen sehr gering, steigt aber mit zunehmender Belastung rasch an. Hierbei sind die Unterschiede zwischen den einzelnen Kissenreifen erheblich. Einige Reifensorten bleiben selbst bis zur doppelten statischen Radbelastung unterhalb der Bodenpressung der Hochdruckluftreifen.

Der Riesenballonreifen hat beim vollen statischen Raddruck annähernd die gleiche Bodenpressung wie die weichsten Kissenreifen. Im Gebiet erhöhter Radbelastungen sind aber die Bodenpressungen des Riesenballonreifens sehr wesentlich niedriger als diejenigen aller anderen Reifenarten.

Die mittleren Pressungen betragen nach Abb. 32 und 33:

Vorderradbereifung.

1700 kg Raddruck.

Overman-Super	6,6	kg/cm²
Conti-Riesenluft (Hochdruck)	8,8	„
Fulda-Parabel II	9,5	„
„ „ I	9,9	„
PT	10,8	„

Triebradbereifung.

2750 kg Raddruck.

Overman-Super	6,5 kg/cm²
Overman	6,6 „
Continental-Ballon (Niederdruck)	6,8 „
Fulda-Parabel II	7,8 „
„ „ I	8,3 „
Conti-Riesenluft (Hochdruck) .	8,7 „
Vorwerk	8,8 „
PT	9,7 „

Für 2000 kg Vorderraddruck bzw. 3000 kg Hinterraddruck geben die Bilder der Auflageflächen die mittleren Bodenpressungen an.

Im Streifenbild (Abb. 34) sind die mittleren Pressungen der Vorderradreifen bei 2000 kg und die der Triebradbereifungen bei 3000 kg durch die ausgezogenen Streifen dargestellt. Bei 100 % Bahndrucksteigerung, d. h. bei einer Gesamtbelastung von 4000 kg bzw. 6000 kg steigt die Pressung entsprechend den schwarzen Teilstreifen. Diese Steigerung der Bodenpressung beträgt am Triebrad bei:

Riesenballonreifen	5 %
Riesenluftreifen	13 %
Kissenreifen	40 % und mehr je nach Art des Reifens.

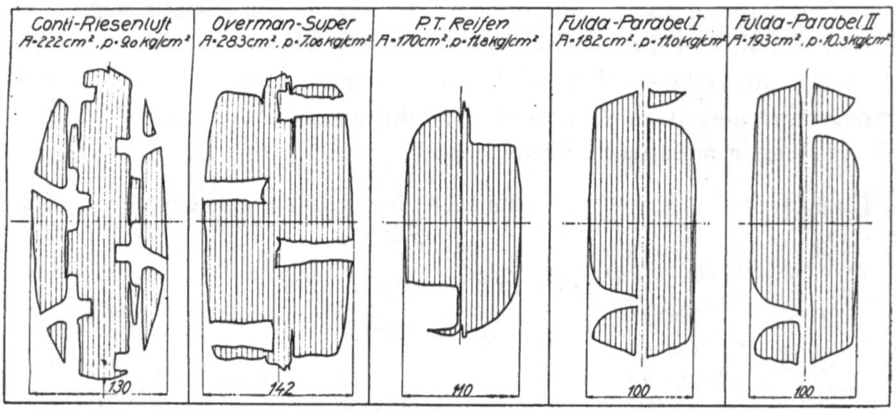

Zugehörige Reifenprofile Abb. Nr.:

22 17 12 9 9

Abb. 28. Auflagefläche der Vorderradbereifungen bei 2000 kg Raddruck. A = Auflagefläche; p = mittlere Bodenpressung.

Fulda-Parabel I
$A = 344$ cm²; $p = 8{,}7$ kg/cm²

P. T. Doppelreifen
$A = 297$ cm²; $p = 10{,}0$ kg/cm²

Vorwerk
$A = 332$ cm²; $p = 9{,}3$ kg/cm²

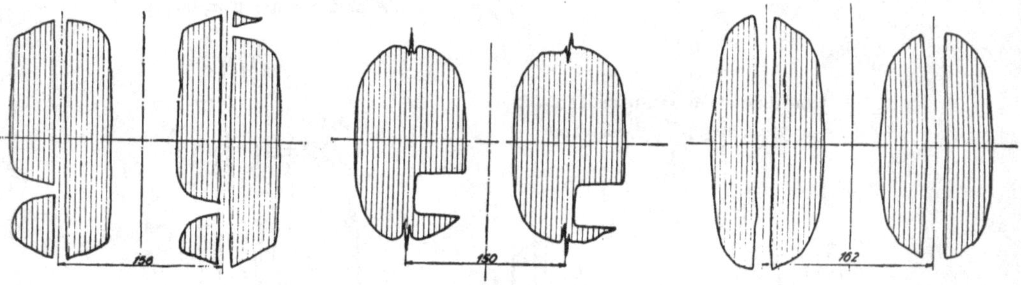

Zugehörige Reifenprofile Abb. Nr.:
10 13 7

Abb. 29. Auflagefläche der Triebradbereifungen bei 3000 kg Raddruck.

Overman-Doppelreifen
$A = 433$ cm²; $p = 6{,}9$ kg/cm²

Overman-Super (Blockreifen)
$A = 449$ cm²; $p = 6{,}8$ kg/cm²

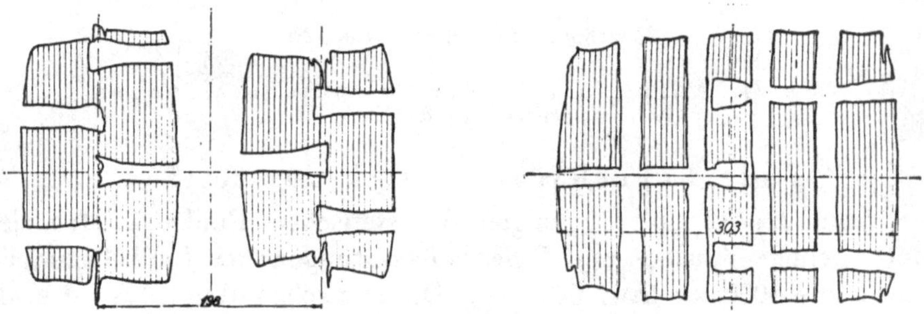

Zugehörige Reifenprofile Abb. Nr.:
15 19

Fulda-Parabel II
$A = 370$ cm²; $p = 8{,}1$ kg/cm²

Firestone
$A = 388$ cm²; $p = 7{,}7$ kg/cm²

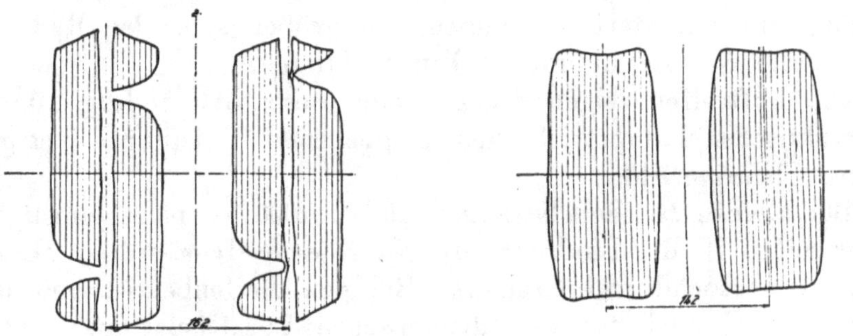

Zugehörige Reifenprofile Abb. Nr.:
10 20

Abb. 30. Auflagefläche der Triebradbereifungen bei 3000 kg Raddruck. A = Auflagefläche; p = mittlere Bodenpressung.

Continental-Riesenluftreifen
$A = 343\ \text{cm}^2$; $p = 8{,}8\ \text{kg/cm}^2$

Continental-Riesenballonreifen
$A = 453\ \text{cm}^2$; $p = 6{,}6\ \text{kg/cm}^2$

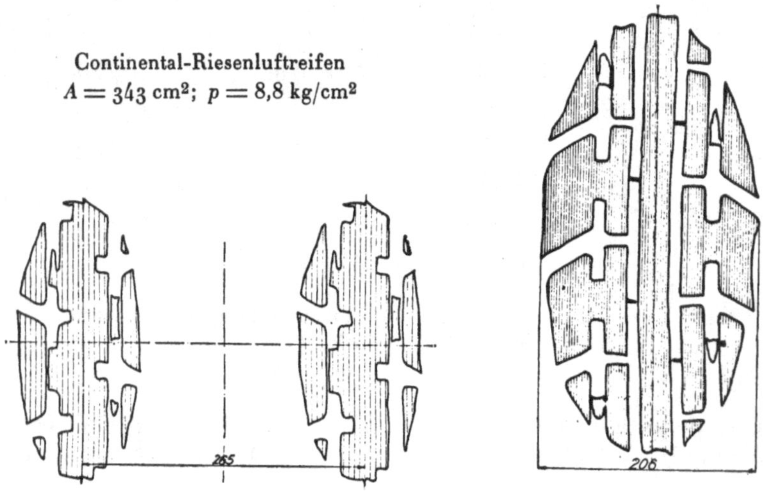

Zugehörige Reifenprofile Abb. Nr.:
22 24

Abb. 31. Auflagefläche der Triebradbereifungen bei 3000 kg Raddruck.

Federungscharakteristik der Reifen.

Abb. 35, 36 und 37 zeigen die statischen Eindrucktiefen der untersuchten Vorder- und Triebradbereifungen bei Radbelastungen von 0 bis 4000 kg bzw. 6000 kg. Die statischen Raddrücke des als Versuchswagen verwendeten Omnibusses sind als wagerechte Linien in die Abbildungen eingetragen.

Der Verlauf der Kurven aller Vollgummi- und Kissenbereifungen ist einander ähnlich. Bei kleinen Belastungen drückt sich die Bereifung zunächst stark zusammen. Je größer aber der Raddruck wird, desto weniger nimmt die Eindrucktiefe zu.

Die Luftreifen zeigen dagegen eine wesentlich andere, für das im praktischen Fahrbetriebe ausschlaggebende Belastungsgebiet günstigere Charakteristik.

Bei kleinen Reifenbelastungen bis zu 2000 kg beim günstigsten Kissenreifen ist die Eindrucktiefe des Kissenreifens größer als diejenige des Hochdruckluftreifens. Bei den Reifenbelastungen über 2000 kg und auch bei den dynamischen Zusatzbelastungen bleibt aber die Federungscharakteristik des Hochdruckreifens annähernd konstant, während die Kissenreifen mit der Reifenbelastung in ihrer Federungscharakteristik zunehmend härter werden. Der Grund für

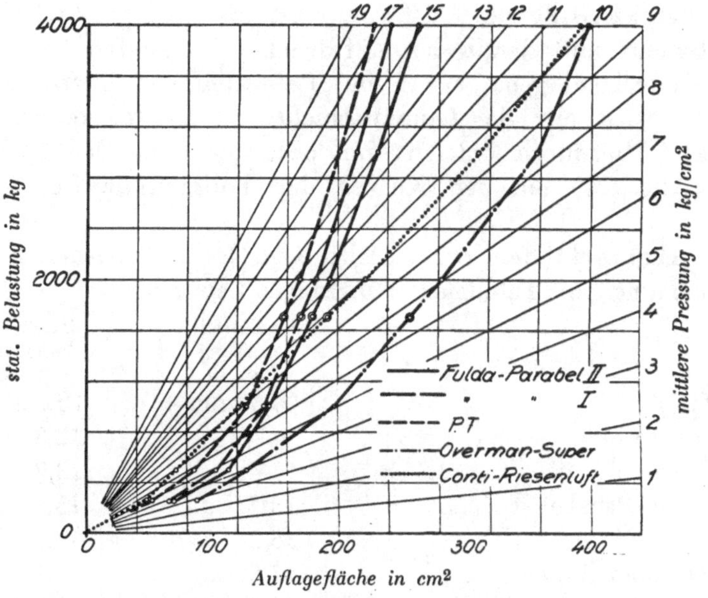

Abb. 32. Auflagefläche und mittlere Bodenpressung der Vorderradbereifung.

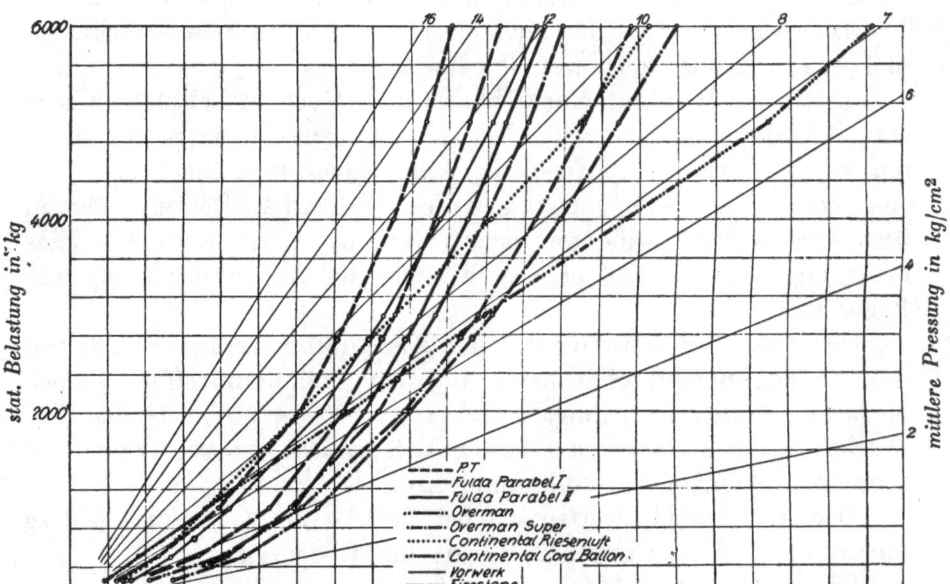

Abb. 33. Auflagefläche und mittlere Bodenpressung der Triebradbereifung.

diese Charakteristik des Luftreifens ist die geringe Änderung des Luftvolumens und damit des Luftdruckes im Reifen bei verschiedenen Radbelastungen. Wenn die Belastung des Luftreifens sehr klein ist, wird nur die Gummischicht der Laufdecke zusammengedrückt. Hierdurch entsteht im untersten Teil der Luftreifenkurve (Abb. 36) ein den Kurven der Vollgummireifen ähnlicher Ansatz.

Die Eindrucktiefen der Bereifungen des auf ebener Fahrbahn stehenden und voll beladenen Fahrzeuges betragen:

	Vorderradbereifung 1700 kg	Triebradbereifung 2750 kg
PT	10,6 mm	10,1 mm
Vorwerk	— „	12,3 „
Overman	— „	13,2 „
Fulda-Parabel I	13,4 „	13,3 „
„ „ II	15,3 „	16,3 „
Overman-Super	17,6 „	14,1 „
Conti-Riesenluft (Hochdruck)	21,0 „	17,6 „
Conti-Ballon	— „	54,0 „

Die Weichheit der Reifenfederung ist nach den Kurven der Federungscharakteristik bei den einzelnen Reifensorten verschieden und verändert sich auch mit der Radbelastung.

Wenn das Rad mit einem bestimmten Gewicht belastet ist und eine Belastungszunahme von z. B. 1000 kg erfährt, so ist das Maß, um welches sich die Reifeneindrückung dabei vergrößert, abhängig von der Anfangsbelastung des Rades. Bei allen Reifen, aber in besonders hohem Maße bei den Vollgummireifen, wird die Eindrückung um so kleiner, je größer die Anfangsbelastung des Rades ist.

Die Federungscharakteristik der Kissenreifen verändert sich mit den Radbelastungen gleichartig mit den Vollgummireifen, jedoch bleibt im ganzen Belastungsbereich von 1000 kg aufwärts die Eindrucktiefe der untersuchten besten Kissenreifen nahezu doppelt so groß wie diejenige der Vollgummireifen.

Der Hochdruckluftreifen hat bei 3000 kg um 11 %, bei 5000 kg um 30 % größere Eindrucktiefe als die Kissenreifen.

Die Eindrucktiefe des Ballonreifens ist im mittleren Belastungsbereich annähernd 3mal so groß wie die des Hochdruckluftreifens, 3,5mal so groß wie die der Kissenreifen und 5,5mal so groß wie diejenige der Vollgummireifen.

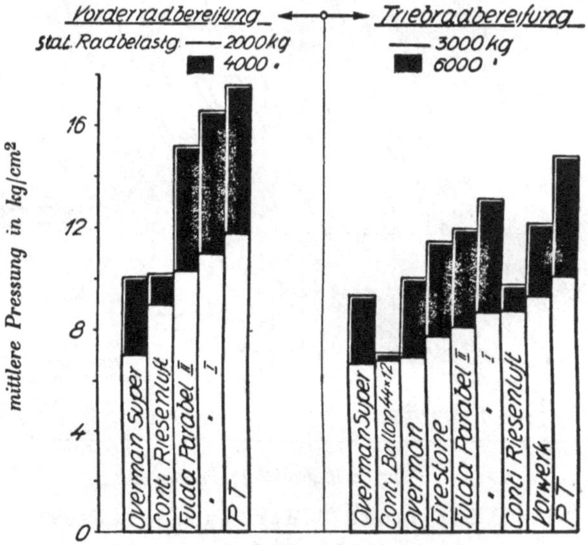

Abb. 34. Zunahme der Bodenpressung bei 100 % Bahndrucksteigerung.

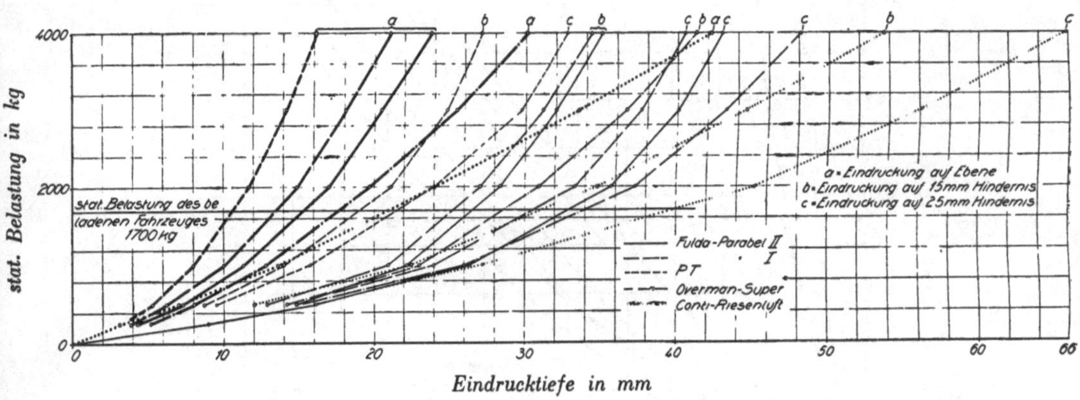

Abb. 35. Statische Federungscharakteristik der Vorderradbereifungen

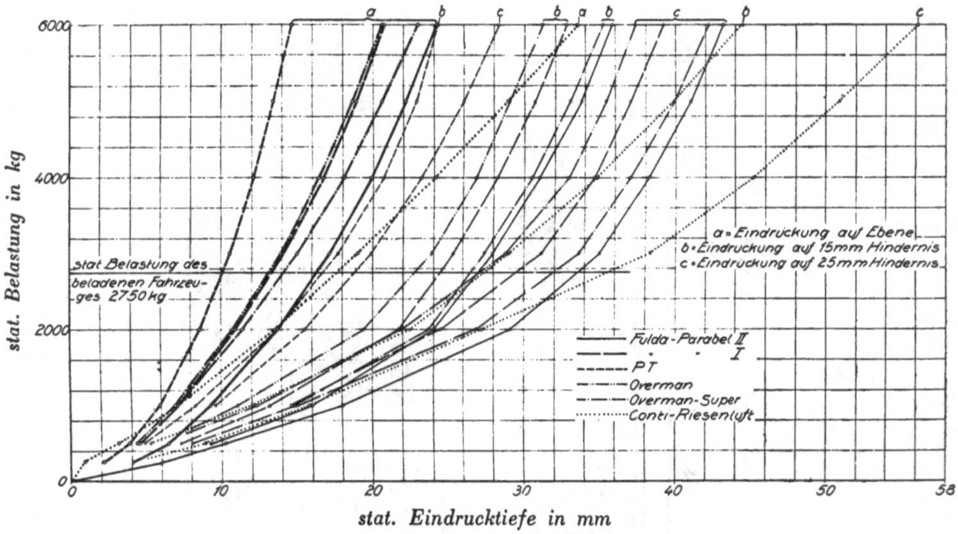

Abb. 36. Statische Federungscharakteristik der Triebradbereifungen.

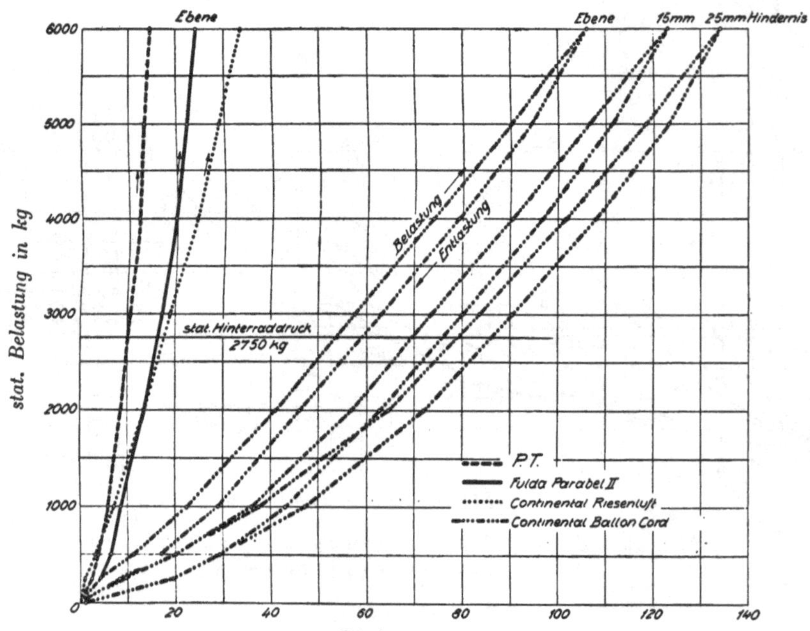

Abb. 37. Federungscharakteristik von Ballon-, Hochdruck-, Kissen- und Vollgummireifen als Triebradbereifung eines Lastkraftwagens.

Die Zunahme der Eindrucktiefe der Reifen beim Aufbringen von 1000 kg Mehrlast auf die normale Radbelastung hat folgende Werte ergeben:

	Vorderrad-bereifung 1700 kg	Triebrad-bereifung 2750 kg
PT	2,85 mm	1,65 mm
Vorwerk	— „	2,35 „
Overman	— „	2,65 „
Fulda-Parabel I	3,85 „	2,80 „
„ „ II	4,25 „	2,95 „
Overman-Super	6,05 „	3,15 „
Conti-Riesenluft (Hochdruck)	9,70 „	5,15 „
Conti-Ballon	— „	16,40 „

Das Arbeitsvermögen der Reifen.

Wenn ein Reifen laut schematischer Abb. 38 unter der Belastung P eine Eindrückung f hat und eine Steigerung $\triangle P$ der Rad-

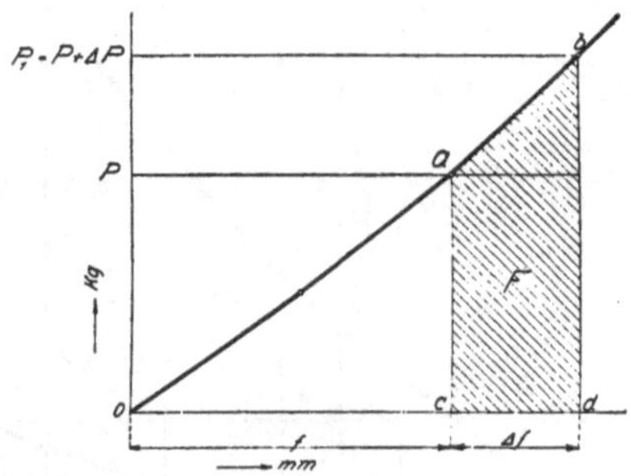

Abb. 38. Beziehung zwischen der Arbeitszunahme und der Zunahme der Eindrückung der Reifen.

belastung erfährt, und sich dabei um $\triangle f$ zusätzlich eindrückt, so ist die im Reifen aufgespeicherte Gesamtarbeit gleich der Dreiecksfläche $0\ b\ d$ und die Zunahme der im Reifen aufgespeicherten Arbeit infolge der Reifenmehrbelastung $\triangle P$ gleich der schraffierten Fläche $a\ c\ d\ b$.

Es ist die Arbeitszunahme des Reifens durch die Fläche F gegeben und beträgt:

$$F = \frac{\triangle f \cdot \triangle P}{2} + P \cdot \triangle f = \triangle f \left(P + \frac{\triangle P}{2} \right)$$

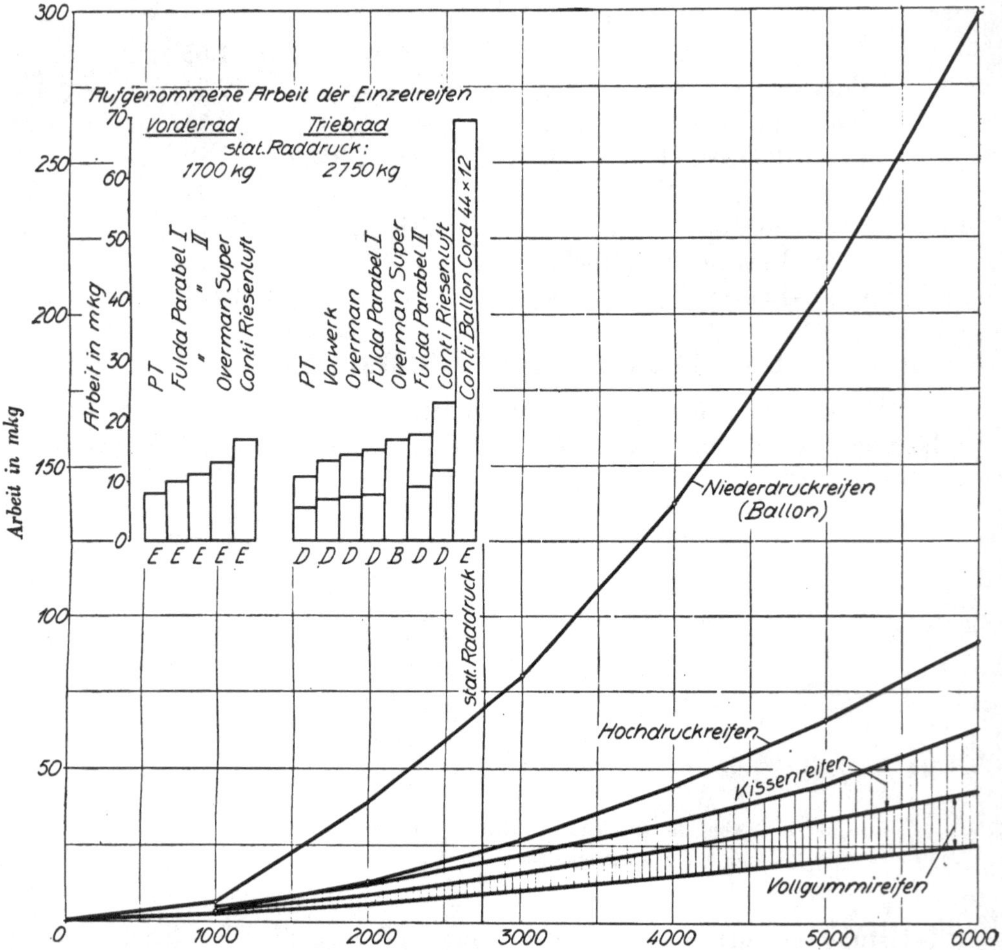

E = *Einzelreifen*
B = *Blockreifen*
D = *Doppelreifen*

Abb. 39. Aufgenommene Gesamtarbeit der Triebradbereifungen bei Raddrücken bis 6000 kg.

Die von der Bereifung aufgenommene Gesamtarbeit ist in Abb. 39 dargestellt. Bei allen Reifenarten nimmt die aufgenommene Gesamtarbeit mehr als proportional mit der Radbelastung zu. Die Arbeitsaufnahme der Triebradbereifung bis zum vollen statischen Raddruck ist durch eine senkrechte Gerade in Abb. 39 bezeichnet und in einem beigefügten Streifenbild mit derjenigen der Vorderradbereifung verglichen. Hierdurch ist die Arbeitsaufnahme gegenüber Vollgummireifen:

bei Kissenreifen je nach Güte das 1,5- bis 2,1fache,
„ Hochdruckluftreifen das 2,5fache,
„ Ballonreifen das 7,6fache.

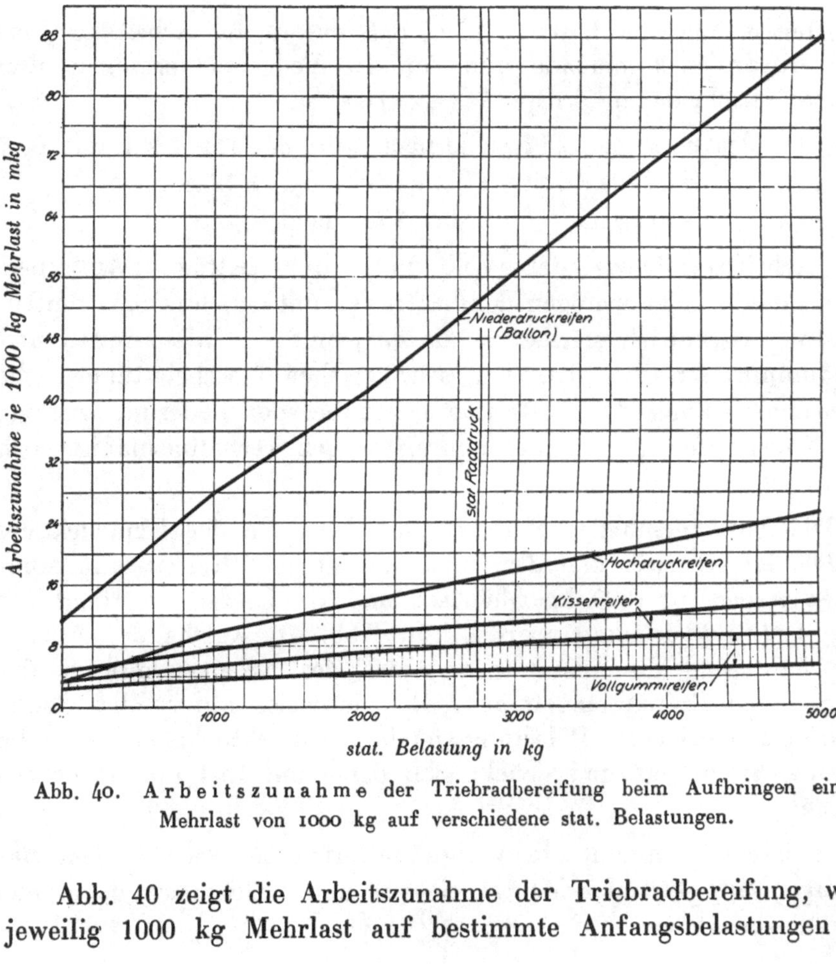

Abb. 40. Arbeitszunahme der Triebradbereifung beim Aufbringen einer Mehrlast von 1000 kg auf verschiedene stat. Belastungen.

Abb. 40 zeigt die Arbeitszunahme der Triebradbereifung, wenn jeweilig 1000 kg Mehrlast auf bestimmte Anfangsbelastungen zusätzlich auf den Reifen aufgelegt werden. Diese von der Bereifung aufgenommene Mehrarbeit je 1000 kg Belastungszunahme beträgt:

	Vorderrad-bereifung 1700 kg	Triebrad-bereifung 2750 kg
PT	6,3 mkg	5,3 mkg
Overman	—	8,6 „
Fulda-Parabel I	8,5 „	9,1 „
„ „ II	9,4 „	9,6 „
Overman-Super	13,3 „	10,2 „
Conti-Riesenluft (Hochdruck)	21,3 „	16,7 „
Conti-Ballonreifen	—	53,3 „

Man ersieht aus diesen Zahlen, daß das in der Arbeitszunahme zum Ausdruck kommende und für das Federungsvermögen aller Reifen entscheidende Arbeitsvermögen

bei den Kissenreifen je nach Güte das 1,6- bis 1,9fache,
„ „ Hochdruckluftreifen das 3,1fache,
„ „ Ballonreifen das 10fache

des Arbeitsvermögens der Vollgummireifen beträgt. Außerdem nimmt das Arbeitsvermögen der Luftreifen mit zunehmender Reifenbelastung wesentlich stärker zu als dasjenige der Kissenreifen und Vollgummireifen, so daß bei sehr starken Überbelastungen die Federungswirkung der Luftreifen gegenüber der Federungswirkung der Kissenreifen und Vollgummireifen sich verhältnismäßig noch verbessert.

Die Zusammenhänge zwischen der Zunahme der Eindrucktiefe je 1000 kg Mehrlast und der Zunahme der vom Reifen aufgenommenen Arbeit je 1000 kg Mehrlast sind im I. Teil an Hand der Abb. 4 und 5 erläutert worden. In Abb. 41, welche der Abb. 5 entspricht, sind die gemessenen Werte des Arbeitsvermögens der untersuchten Reifen eingetragen. Beispielsweise nimmt der Conti-Ballonreifen bei einer Belastungszunahme von 2550 kg auf 3550 kg 50 mkg Arbeit auf und drückt sich dabei um 16,4 mm mehr zusammen.

Andererseits nimmt ein Vollgummireifen bei den gleichen Belastungen nur 4,6 mkg Mehrarbeit auf und drückt sich dabei nur 1,5 mm zusammen.

Das Formänderungsvermögen und der Formänderungswiderstand der Reifen.

Wenn die Reifen unter dem Einfluß des vollen statischen Raddruckes von 2750 kg auf ebener Fahrbahn eingedrückt sind, und in diesem Zustande z. B. das Versuchshindernis von 25 mm Höhe ohne Anhub des Radmittelpunktes zu überfahren hätten, also das Hindernis nach und nach ganz in sich einbetten und beim Ablauf wieder freigeben müßten, so tritt im Verlauf dieser Hinderniseinbettung ein größter Formänderungswiderstand nach Abb. 1 auf, welcher beträgt:

beim	Vollgummireifen . . .	über 7500	kg
„	Kissenreifen	= 2450	„
„	Hochdruckluftreifen . .	= 1630	„
„	Ballonreifen	= 500	„

Bei den untersuchten Reifen wird der Radmittelpunkt auf dem 25 mm hohen Hindernis bei konstanten Radbelastungen um folgende Werte angehoben:

Vorderräder.

1700 kg Radbelastung.

Conti-Riesenluft	6,0	mm
Overman-Super	8,6	„
Fulda-Parabel II . . .	7,4	„
„ „ I . . .	7,9	„
PT	14,1	„

Triebräder.

2750 kg Radbelastung.

Conti-Ballon	0	mm
Conti-Riesenluft	7,0	„
Overman-Super	7,2	„
Fulda-Parabel II . . .	7,75	„
„ „ I . . .	8,75	„
Overman	11,1	„
PT	16,3	„

Diese Werte gelten für das auf dem Hindernis stillstehende Rad.

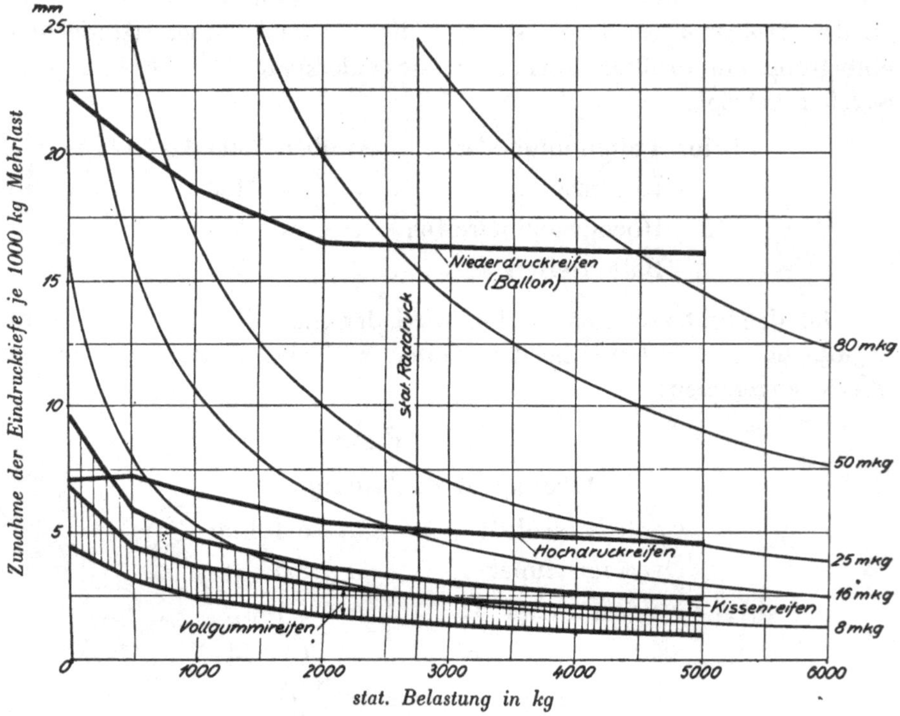

Abb. 41. Arbeitszunahme der verschiedenen Reifenarten und ihre Beziehung zur statischen Belastung und zur zusätzlichen Eindrucktiefe.

Schwingungen und Bahndrücke bei verschiedenen Fahrgeschwindigkeiten.

Die Schwingungen des Rades bei Fahrt über Hindernisse sind bei den dynamischen Versuchen für 10, 25 und 40 km/Std. Fahrgeschwindigkeit entsprechend dem Geschwindigkeitsbereich des Fahrzeuges durch Indikator aufgenommen worden (Abb. 42 und 43). Die nach rechts offene Krümmung aller Schwingungen entsteht durch die endliche Länge des Schreibhebels des Indikators.

Die Wiedergabe ist ein Auszug aus den gesamten Messungen und auf den Vergleich der Schwingungen eines Vollgummireifens, eines Kissenreifens und des Riesenluftreifens als Vorder- und Triebradbereifung und bei 15 und 25 mm hohem Hindernis beschränkt worden. Beim Anlauf des Hindernisses wird das Rad zunächst oft weit über die Höhe des Hindernisses hinaus nach oben geworfen. In dem darauffolgenden Aufschlag des Rades auf die Fahrbahn erreicht der Radmittelpunkt den kleinsten Abstand von der Fahrbahn. Die Eindrucktiefe der Bereifung und der Bahndruck sind bei allen Voll- und Kissenreifen hier am größten. Nach einigen Schwingungen klingt die Bewegung infolge der Dämpfung aus.

Die Radschwingungen der vier Vergleichsreifen sind in den Abb. 42 und 43 wiedergegeben. Bei allen Fahrgeschwindigkeiten übersteigen die Radschwingungen mit Vollgummireifen diejenigen mit Kissenreifen und Luftreifen erheblich, zum Teil um den doppelten Betrag. In der zweiten Aufwärtsbewegung des Rades sind die Ausschläge mit Vollgummireifen bei höheren Fahrgeschwindigkeiten noch größer wie die beim Riesenluftreifen auftretende größte Anfangsschwingung.

Die Werte des Kissenreifens liegen zwischen denjenigen des Vollgummireifens und des Riesenluftreifens und nähern sich dem letzteren bei einzelnen Fahrgeschwindigkeiten.

Die durch die Schwingungen der Abb. 42 und 43 gelegte Nullinie entspricht der Ruhestellung des Rades.

Die vertikalen Bahndrücke bei der Fahrt über ein Hindernis sind in den Abb. 44 bis 47 dargestellt. Als Abszisse sind die Fahrstrecken in Millimetern aufgetragen, angefangen im Berührungspunkte der Bereifung mit dem Hindernis. Der statische Raddruck des Fahrzeuges ist in allen Schwingungen durch eine kurze Gerade vor dem Nullpunkt der Fahrbahn angegeben. Er beträgt bei den Vorderrädern 1700 kg, bei den Triebrädern 2750 kg.

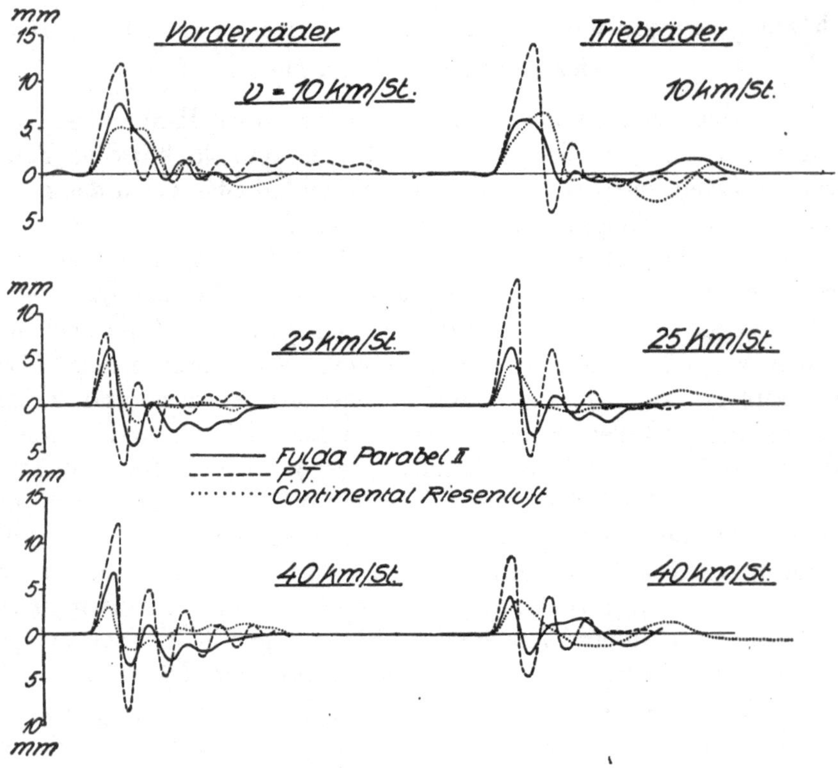

Abb. 42. Schwingungen der Vorder- und Triebräder des NAG.-Omnibusses bei Fahrt über ein 15 mm hohes Hindernis.

In allen Abbildungen fällt der PT-Reifen durch seine großen Bahndrücke besonders auf und erreicht Werte bis zum 6,2fachen des statischen Raddruckes. In einigen Fällen springt das vollgummibereifte Rad vom Boden ab, während alle anderen Reifensorten dauernde Bodenberührung behalten.

Die Kissenreifen weisen geringere Bahndrücke als die Vollgummireifen auf. Ihr dynamischer Bahndruck steigt zum 3,3fachen des statischen Raddruckes gegenüber dem 6,2fachen beim Vollgummireifen.

Die größten Bahndrücke aller Vollgummi- und Kissenreifen treten beim Aufschlag des Rades nach der ersten Aufwärtsschwingung auf.

Bei den Hochdruckluftreifen ist die dynamische Bahndrucksteigerung noch bedeutend niedriger und steigt nur bis zum 1,5fachen des statischen Raddruckes.

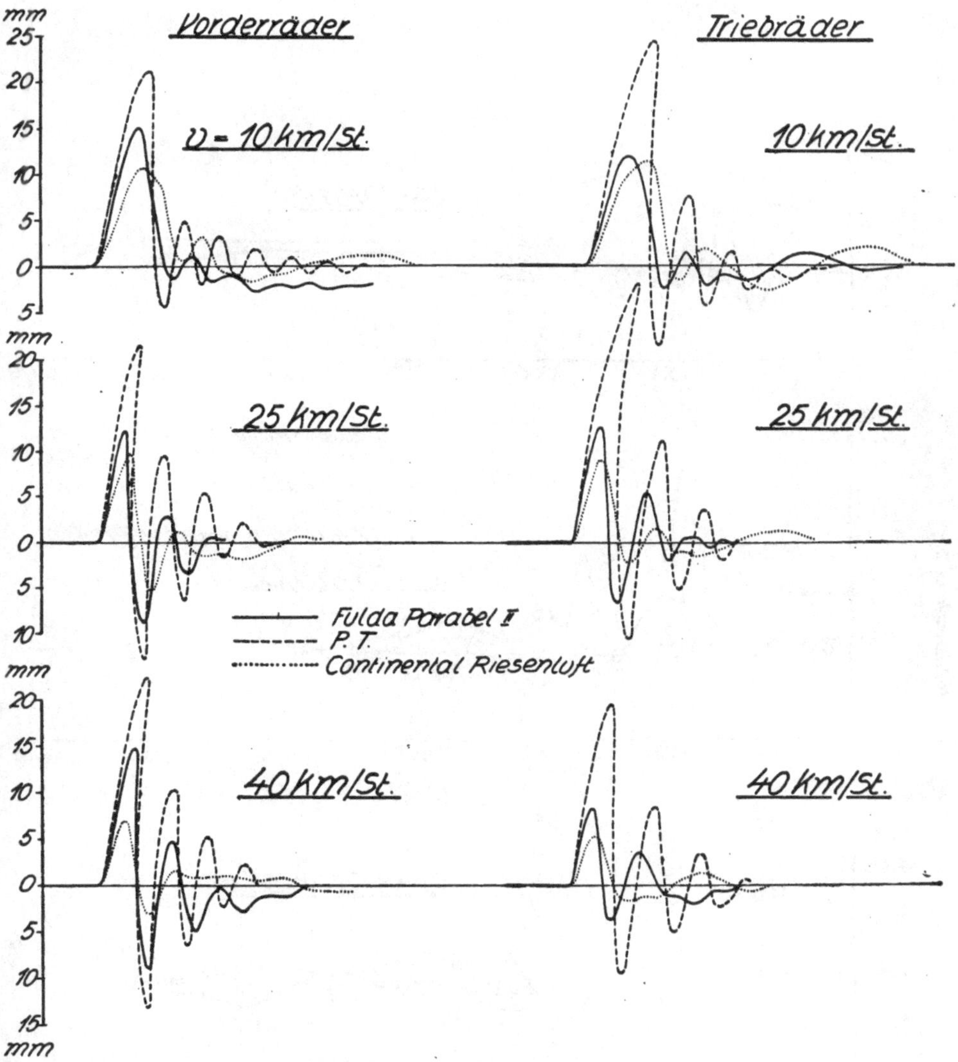

Abb. 43. Schwingungen der Vorder- und Triebräder des NAG.-Omnibusses bei Fahrt über ein 25 mm hohes Hindernis.

Der Ballonreifen bringt eine weitere starke Senkung der dynamischen Bahndrucksteigerung, welche nur das 1,15fache des statischen Raddruckes beträgt. Der Ballonreifen zeichnet sich also selbst bei Fahrt über 25 mm hohe Unebenheiten der Fahrbahn durch den fast vollkommenen Fortfall einer dynamischen Bahndrucksteigerung aus und schont daher die Straße in nahezu idealer Weise.

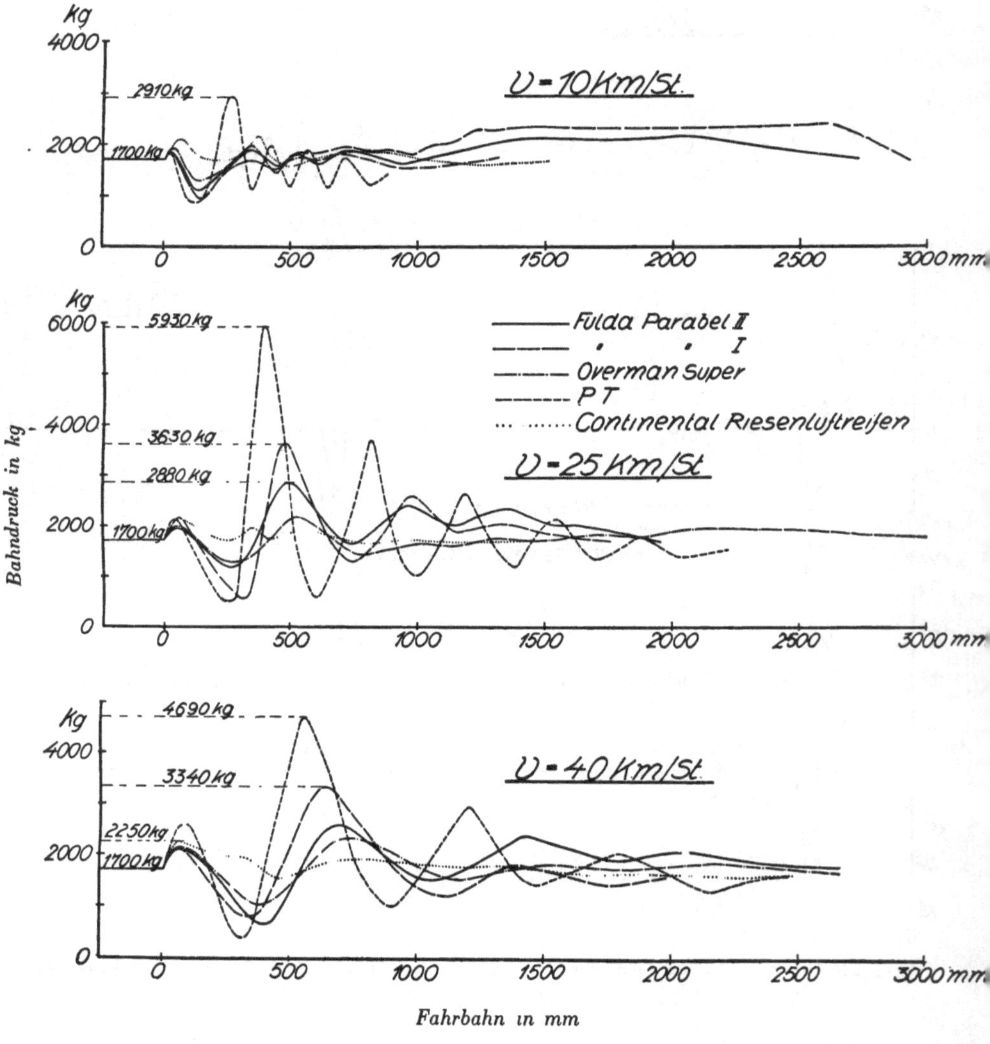

Abb. 44. Bahndrücke eines Vorderrades des NAG.-Omnibusses bei Fahrt über ein 15 mm hohes Hindernis. Stat. Raddruck 1700 kg.

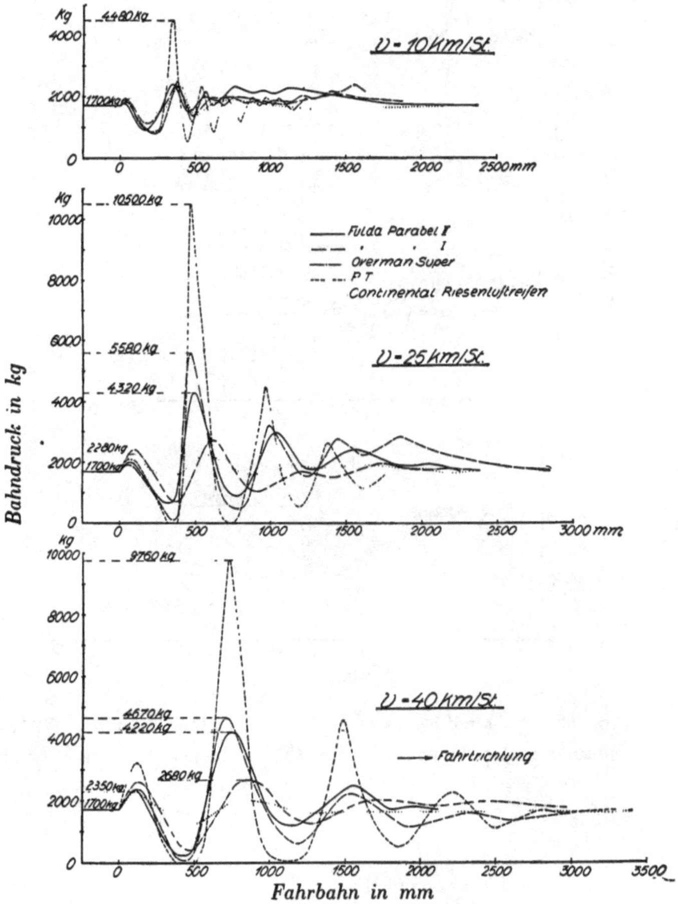

Abb. 45. Bahndrücke eines Vorderrades des NAG.-Omnibusses bei Fahrt über ein 25 mm hohes Hindernis. Stat. Raddruck 1700 kg.

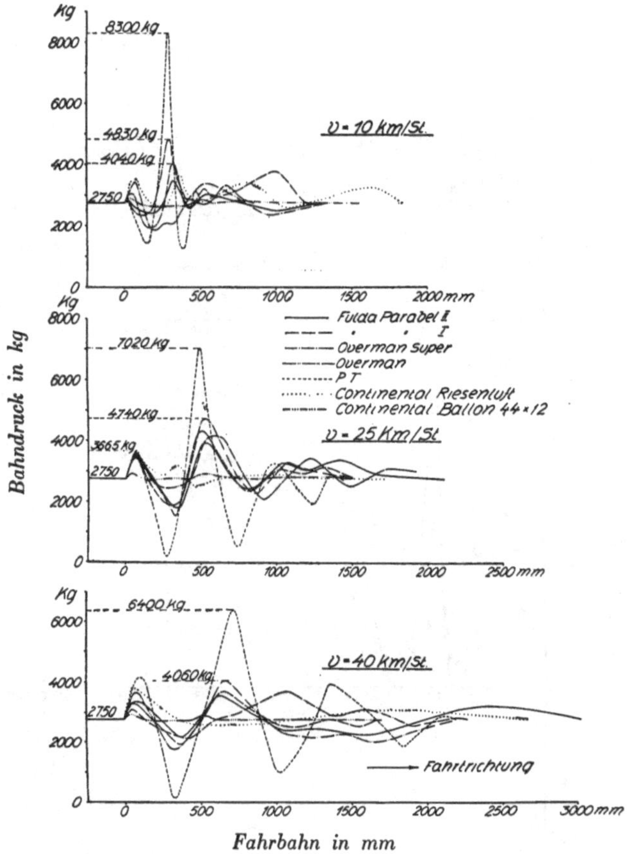

Abb. 46. Bahndrücke eines Triebrades des NAG.-Omnibusses bei Fahrt über ein 15 mm hohes Hindernis. Stat. Raddruck 2750 kg.

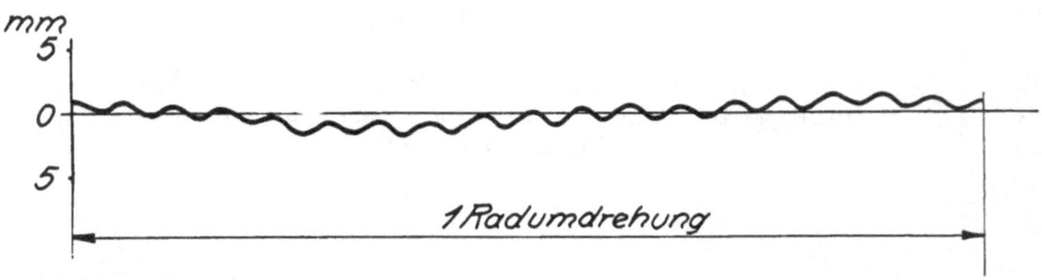

Abb. 48. Schwingungen infolge der Profileinschnitte des PT.-Vorderradreifens bei 10 km/Std. Fahrgeschwindigkeit.

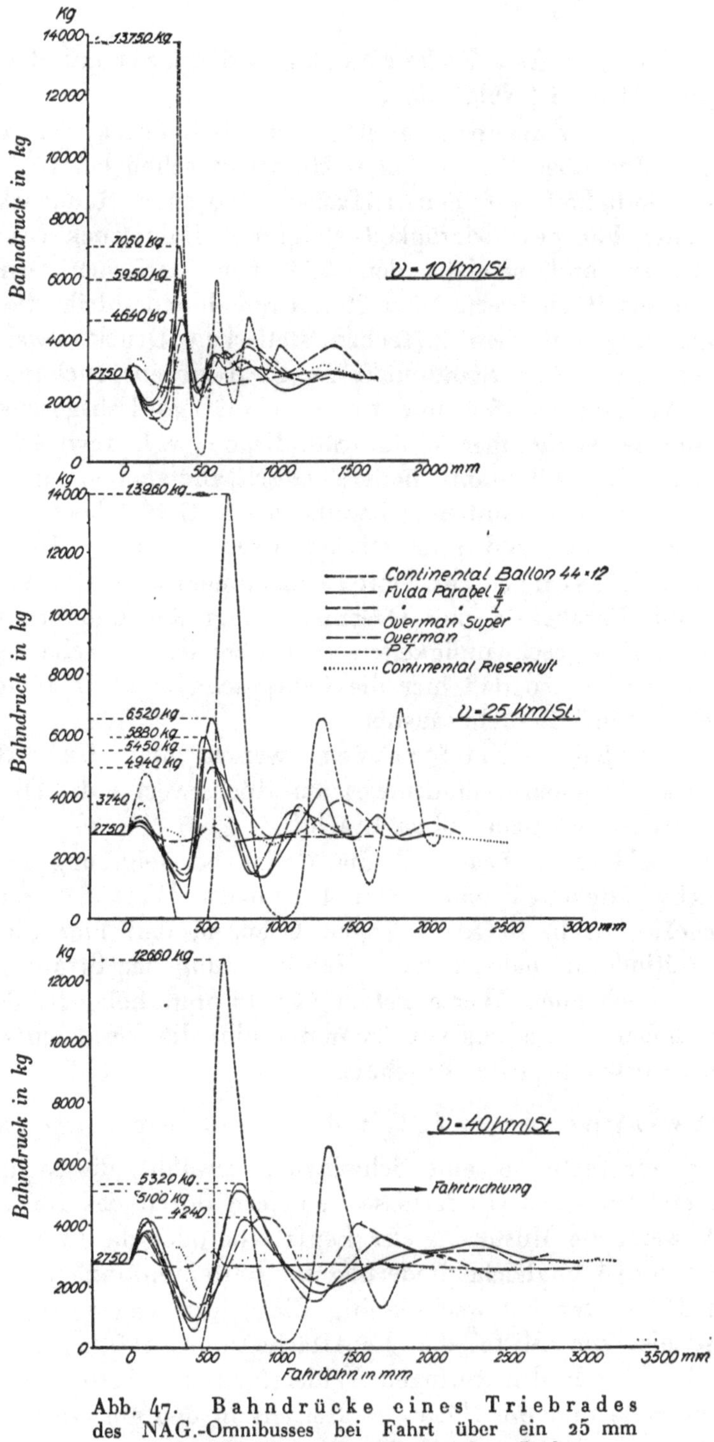

Abb. 47. Bahndrücke eines Triebrades des NAG.-Omnibusses bei Fahrt über ein 25 mm hohes Hindernis. Stat. Raddruck 2750 kg.

Der Einfluß der Fahrgeschwindigkeit auf die Bahndrücke der Räder ist folgender:

Bei Vollgummireifen steigt der Bahndruck der Vorderräder bei Fahrt über 15 mm hohes Hindernis schon bei 10 km/Std. Fahrgeschwindigkeit auf den 1,7fachen statischen Raddruck. Mit zunehmender Fahrgeschwindigkeit steigt der Bahndruck rasch und sehr stark an und erreicht den 3,5fachen statischen Druck bei 25 km/Std. als Höchstwert. Über 25 km/Std. hinaus bleibt die Bahndrucksteigerung mit dem 2,7fachen statischen Druck etwas unter dem Höchstwert. Vom Standpunkt der Straßenbeanspruchung eignet sich der Vollgummireifen nur für sehr mäßige Fahrgeschwindigkeiten, welche wenig über 10 km/Std. liegen (vgl. auch IV. Teil). Läßt man für Vollgummi höhere Geschwindigkeiten als 10 bis 15 km/Std. zu, so kommt man bereits in das Gebiet höchster Fahrbahnbeanspruchung und sehr starker Beanspruchung der Straße.

Bei den Kissenreifen (mit Luftkammer) z. B. den Versuchsreifen Fulda-Parabel II und Overman, steigt der Bahndruck auch bei höheren Fahrgeschwindigkeiten nicht über das 1,7fache des statischen Raddruckes, so daß hier die Fahrgeschwindigkeit keinen entscheidenden Einfluß mehr ausübt.

Die Hochdruckluftreifen weisen nur den 1,3fachen Betrag des statischen Bahndruckes als Höchstwert auf. Die Fahrgeschwindigkeit ist dabei ohne Einfluß.

Der Ballonreifen hält die Bahndrucksteigerung bei allen Fahrgeschwindigkeiten unter dem 1,07fachen Wert des statischen Bahndruckes, d. h. in so niedrigen Grenzen, daß hier die Fahrt über ein Hindernis nahezu keine Mehrbelastung der Straße auslöst.

Die vorstehenden Werte gelten für 15 mm hohe Hindernisse. Für das höhere Hindernis von 25 mm ergibt die Vergleichswertung der Reifensorten dasselbe Ergebnis.

Schwingungen infolge der Reifenmusterung.

An dieser Stelle sei eine Schwingung erwähnt, die nicht durch das Überfahren eines Hindernisses, sondern durch das Reifenprofil entsteht, wenn die Musterung der Lauffläche oder die Einkerbungen im Reifenprofil ungleiche Federung im Reifenumfang hervorrufen.

Der PT-Reifen hat wechselseitig Einschnitte von 40 mm Breite, die fast bis zur Mitte der Lauffläche durchgeführt sind (vgl. Abb. 13). Durch den geringen Widerstand der Bereifung an der Einschnittstelle und die Härte des Reifens in den einzelnen Blöcken des Profils sackt das Rad beim Überfahren der Einkerbung durch, wird aber durch das volle Profil sofort wieder angehoben. Die hierdurch entstehende Radschwingung zeigt Abb. 48.

Die Bewegungen werden durch die Federn auf den Rahmen übertragen und versetzen hier bei verschiedenen Fahrgeschwindigkeiten Motorhaube, Schalthebel, Lenkrad usw. entsprechend ihrer Eigenschwingungszahl in Schwingungen.

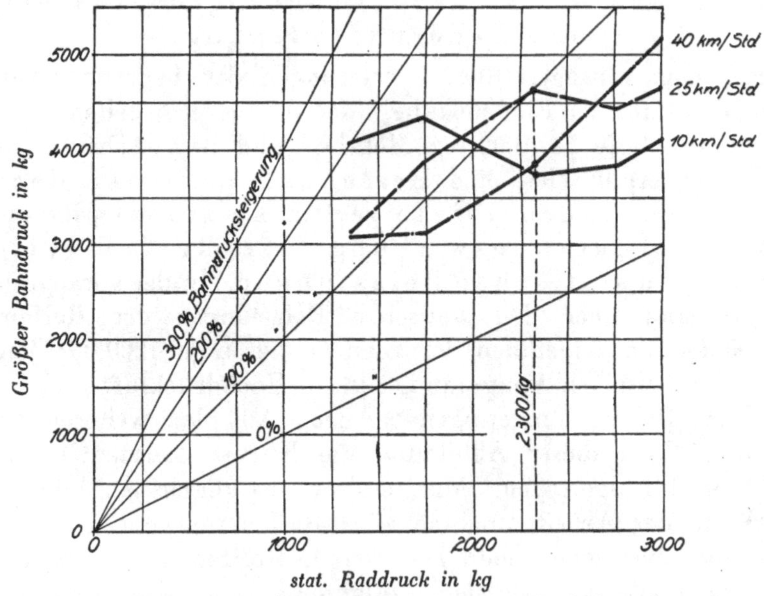

Abb. 49. Größte Bahndrücke eines Triebrades des Yellow Coach-Omnibusses bei Fahrt über ein 15 mm hohes Hindernis. Bereifung: Firestone Doppelreifen.

Abhängigkeit der Bahndrucksteigerung vom statischen Raddruck.

Hierzu wurde der Chicagoer Yellow-Omnibus mit Firestone-Kissenreifen benutzt. Der statische Raddruck eines Triebrades, welcher bei normaler Belastung 2300 kg beträgt, wurde bei verschiedenen Fahrgeschwindigkeiten verändert.

Die größten Bahndrücke der Triebräder des Fahrzeuges bei der Fahrt über das 15 mm hohe Hindernis zeigt Abb. 49. Die Punkte gleicher Fahrgeschwindigkeit sind miteinander verbunden.

Der größte bei der Fahrt über das Hindernis auftretende Bahndruck des leeren Fahrgestelles, dessen statischer Raddruck nur 1350 kg betrug, wurde zu 3000 bis 4000 kg gemessen. Bei dem auf

3000 kg erhöhten statischen Raddruck sind die größten Bahndrücke 4000 bis 5000 kg. Wie Abb. 49 zeigt, bleibt die Radbelastung bei geringen Fahrgeschwindigkeiten (Kurve für 10 km/Std.) ohne Einfluß auf die Bahndrucksteigerung. Bei höheren Fahrgeschwindigkeiten nimmt der größte Bahndruck mit der statischen Radbelastung mehr und mehr zu (vgl. Kurven für 25 km/Std. und 40 km/Std. in Abb. 49).

Zusammenhang zwischen Federungscharakteristik und Federungswirkung.

Aus den vorangestellten Erörterungen der Federungscharakteristik (Belastung zu Eindrückung), der daraus ermittelten Zunahme der Eindrucktiefe je 1000 kg Mehrlast und dem Arbeitsvermögen der Reifen ergibt sich eine Beziehung zwischen der Zunahme der Eindrucktiefe je 1000 kg zur Hochwertigkeit der Federungswirkung der Reifen bei verschiedenen statischen Belastungen. In der vorangestellten Abb. 41 sind über den statischen Belastungen der Reifen von 0—6000 kg die Zunahmen der Eindrucktiefen je 1000 kg Mehrlast für die Reifensorten Vollgummi, Kissen, Hochdruckluft und Niederdruckluft (Ballon) eingetragen worden. Aus den weiteren Erörterungen sind in dieser Abbildung die Kurven konstanter Arbeitszunahmen hinzugetragen. Man ersieht aus dieser Abbildung, daß die Werte der Arbeitszunahme aller Reifenarten mit abnehmender Belastung abnehmen, aber bei den Luftreifen in wesentlich geringerem Maße als bei den Vollgummi- und Kissenreifen. Ein Reifen, welcher für ein bestimmtes Federungsvermögen bei einer *bestimmten* Belastung gebaut ist, federt daher um so schlechter, je weniger er belastet ist. Aus der Charakteristik der Kurven gleichen Arbeitsvermögens ersieht man ganz allgemein, d. h. für alle Arten von Kraftfahrzeugen, daß die Weichheit der Reifencharakteristik für kleine statische Radbelastungen sehr stark erhöht werden muß, d. h. die Reifen müssen sehr große Eindrucktiefen bei geringen Radbelastungen aufweisen, wenn eine hohe Federungswirkung in diesem Gebiet erzielt werden soll.

Horizontale Bahnkräfte.

Die horizontalen Bahnkräfte (Abb. 50 bis 53) wurden mit denselben Hindernissen bei den gleichen Fahrgeschwindigkeiten gemessen. Sie stehen in der Größenordnung gegenüber den vertikalen Bahndrücken zurück.

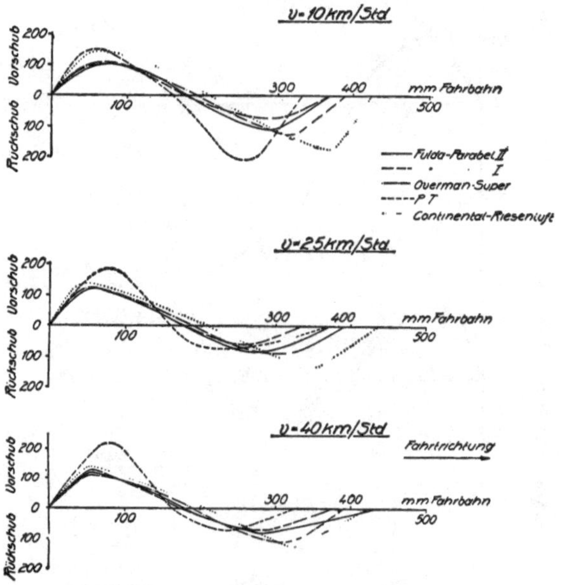

Abb. 50. Horizontale Bahnkräfte eines Vorderrades des NAG.-Omnibusses bei Fahrt über ein 15 mm hohes Hindernis. Stat. Raddruck 1700 kg.

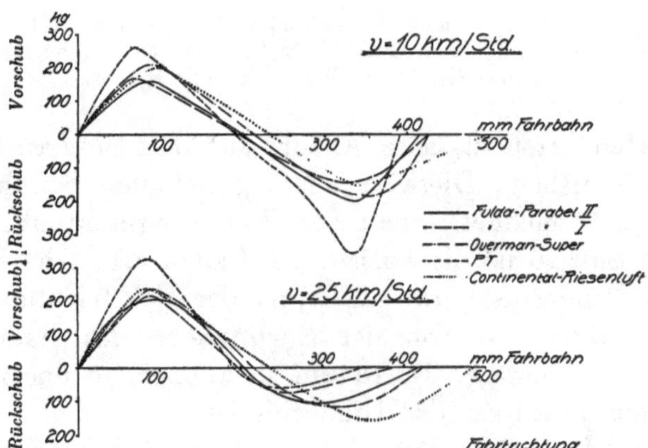

Abb. 51. Horizontale Bahnkräfte eines Vorderrades des NAG.-Omnibusses bei Fahrt über ein 25 mm hohes Hindernis. Stat. Raddruck 1700 kg.

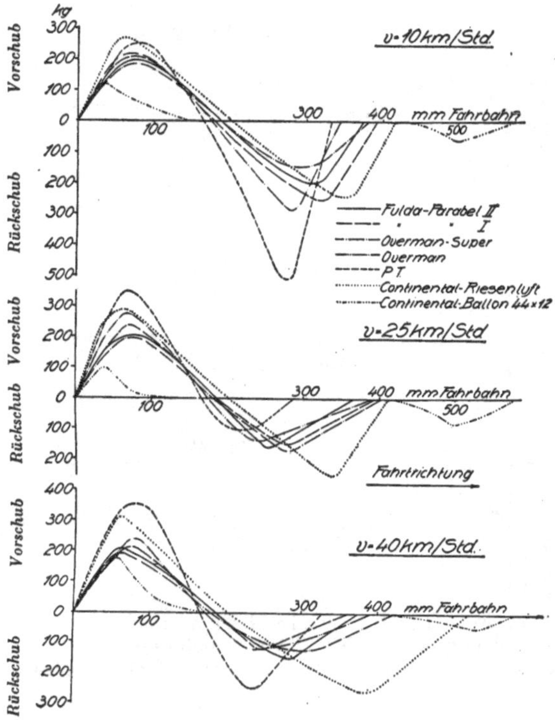

Abb. 52. Horizontale Bahnkräfte eines Triebrades des NAG.-Omnibusses bei Fahrt über ein 15 mm hohes Hindernis. Stat. Raddruck 2750 kg.

Der Reifen versucht beim Anlauf auf das Hindernis dieses vor sich her zu schieben. Diese vorwärts gerichteten Schubkräfte sind mit Vorschub bezeichnet. Steht der Radmittelpunkt über der Mitte des Hindernisses, so ist die horizontale Bahnkraft gleich Null. Beim Ablauf vom Hindernis wirkt die Kraft der Fahrtrichtung entgegen.

Der Rückschub ist von der Sprunghöhe des Rades und der Hindernislänge abhängig. Er ist um so kleiner, je unelastischer die Bereifung und je kürzer das Hindernis ist.

Die Luftreifen haben deshalb bei höheren Fahrgeschwindigkeiten größere, langanhaltende Rückschubkräfte.

Die Fahrgeschwindigkeit hat bei gleichen statischen Bahndrücken und gleichen Hindernissen auf die horizontalen Bahnkräfte nur einen untergeordneten Einfluß. Die absolute Größe des Druckes beträgt bei Kissen- und Luftreifen je nach Hindernis und Bahndruck 100—400 kg, bei Vollgummireifen im ungünstigsten Falle, d. h. beim Aufschlag des Rades auf die Ablaufseite des Hindernisses bis 900 kg.

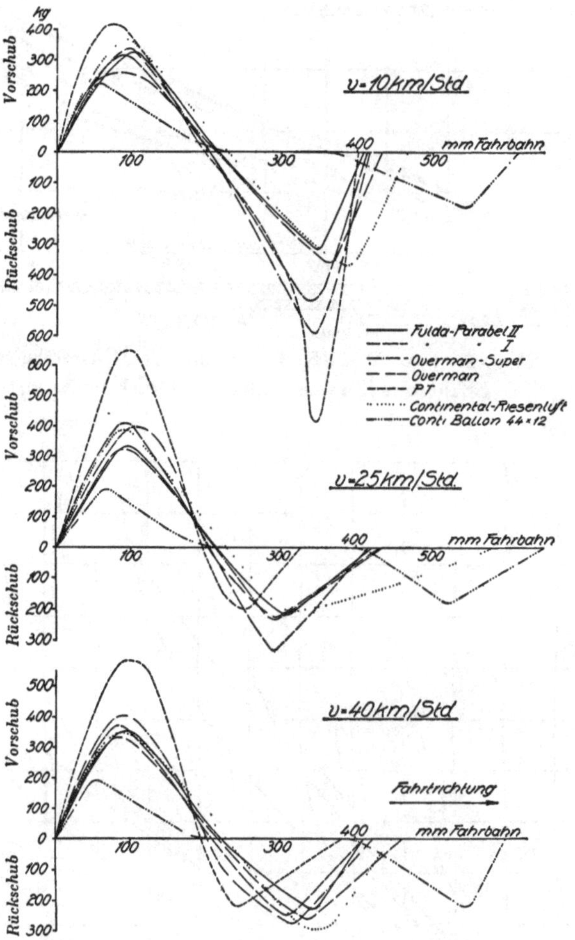

Abb. 53. Horizontale Bahnkräfte eines Triebrades des NAG.-Omnibusses bei Fahrt über ein 25 mm hohes Hindernis. Stat. Raddruck 2750 kg.

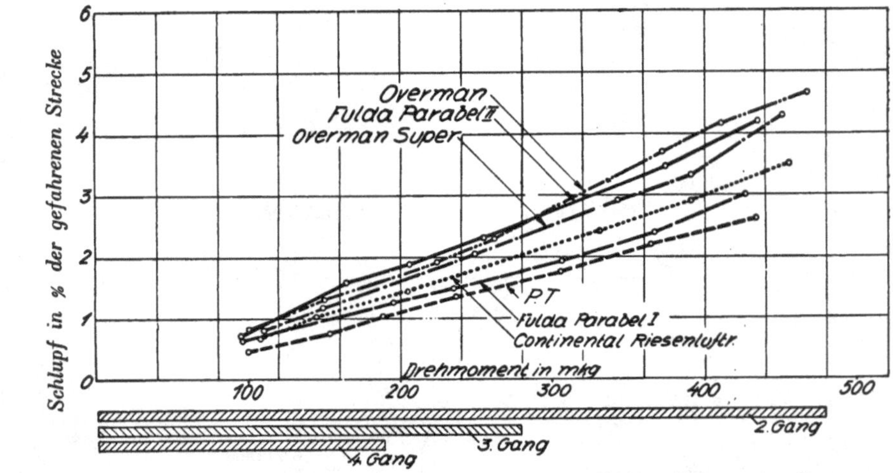

Abb. 54. Schlupf der Triebräder des NAG.-Omnibusses in Prozent der gefahrenen Strecke. Stat. Raddruck 2750 kg.

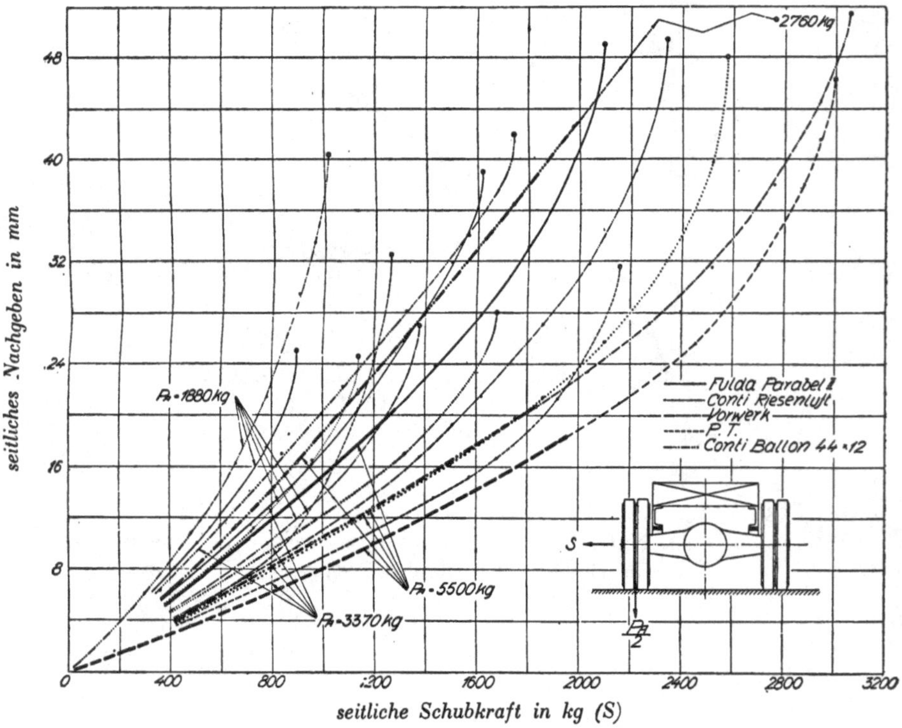

Abb. 55. Querfederung der Triebradbereifungen bei verschiedenen Achsdrücken. (P_A)

Haftvermögen.

Die Triebräder müssen sowohl ein tangentiales Haftvermögen zur Übertragung der Triebleistung mit geringstem Schlupf als auch ein seitliches Haftvermögen gegen Schubkräfte quer zur Fahrtrichtung besitzen. Bei den Vorderrädern kommt es hier nur auf das seitliche Haftvermögen an.

Das Haftvermögen der Triebradbereifung kommt in den gemessenen Schlupfwerten bei der Übertragung der vollen Triebleistung (Abb. 54) zum Ausdruck. Der Hinterachsdruck des voll beladenen Fahrzeuges betrug 5,5 t.

Der Schlupf in Prozenten der zurückgelegten Strecke ist in Abhängigkeit von dem Drehmoment an der Hinterachse aufgetragen, da der Rollradius aller untersuchten Reifen fast gleich ist.

Die horizontalen Streifen unter der Abszisse zeigen die Größe des Drehmomentes im Bereich der einzelnen Schaltgänge.

Wie Abb. 54 zeigt, liegt der Schlupf der Reifen Overman, Fulda-Parabel II und Overman-Super am höchsten, d. h. ihr tangentiales Haftvermögen ist gering.

Am besten liegen PT und Fulda-Parabel I. Die untersuchten Luftreifen liegen in der Mitte zwischen den übrigen Werten.

Mit der statischen Achsbelastung von 5,5 t ist der Reibungskoeffizient für z. B. 400 mkg Drehmoment

$$= \frac{400}{0{,}5 \cdot 5500} = 0{,}145$$

und der zugehörige Schlupf 2,4 bis 4 % je nach Reifensorte.

Die Q u e r f e d e r u n g der Bereifung bei seitlichen Schubkräften ist in Abb. 55 dargestellt. Die Abszisse gibt die Größe der seitlichen Schubkraft *S* an, während als Ordinate das seitliche Nachgeben des Gummis in Millimetern aufgetragen ist.

Bei kleinen Schubkräften gibt nur der Gummi seitlich nach. Diesen Bereich zeigen die stark ausgezogenen Kurventeile.

Wird die Kraft größer, so beginnt der Reifen auf dem Boden langsam zu wandern, ohne jedoch die Haftung zu verlieren. Die Kurven sind in diesem Bereich dünner ausgezogen, da sie neben der Querfederung gleichzeitig den seitlichen Schlupf enthalten.

Beim weiteren Anwachsen der Schubkraft rutscht der Reifen schließlich seitlich fort.

Die Ballonreifen weisen eine sehr starke Zunahme der Querfederung auf, welche von einer noch nicht feststehenden Größe ab für die stabile Lage des Fahrzeuges gefährlich werden kann.

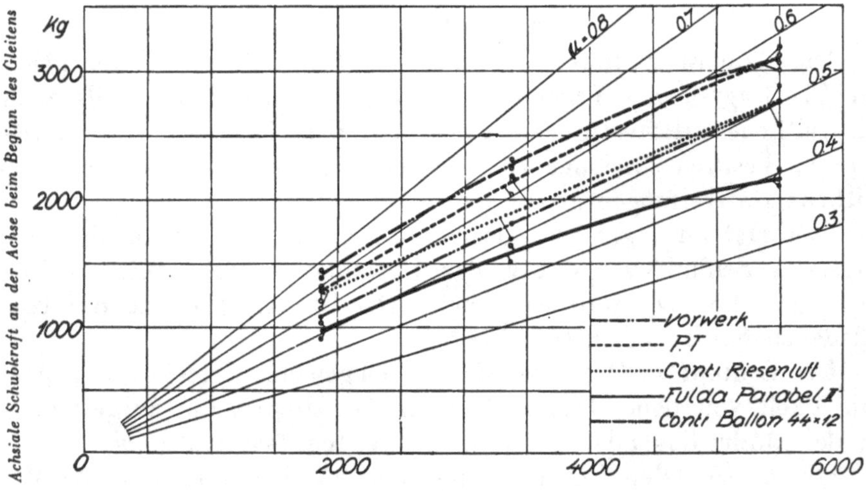

Abb. 56. Haftvermögen der Triebradbereifung des NAG.-Omnibusses gegen Schleudern.

Die größte von der Bereifung aufgenommene seitliche Schubkraft ist durch Kreise im Endpunkt der Kurven gekennzeichnet.

Alle Versuche wurden auf Asphalt- und Betonstraßendecke in nassem und trockenem Zustand durchgeführt. Auf Beton war die Haftfähigkeit infolge seiner rauheren Oberfläche besser als auf dem hier verwendeten Stampfasphalt.

Der von der Allgemeinen Berliner Omnibus-Aktiengesellschaft wegen seiner guten Haftfähigkeit u. a. verwendete Vorwerk-Regeneratreifen ist vergleichsweise mit einem Ballon-, einem Riesenluft-, einem Kissen- und einem Vollreifen bei drei verschiedenen statischen Belastungen geprüft worden.

Die größte von den Bereifungen aufgenommene seitliche Schubkraft ist für alle Belastungen in Abb. 56 zusammengestellt. Die durch den Nullpunkt gehenden Strahlen geben den Reibungskoeffizienten quer zur Fahrtrichtung, d. h. das Haftvermögen der Reifen gegen Schleudern an.

Das Haftvermögen der Bereifung gegen Schleudern nimmt mit dem Achsdruck weniger als linear zu, der Reibungskoeffizient μ ist also bei kleineren Belastungen günstiger.

Das beste Haftvermögen gegen Schleudern zeigt der Vorwerk-Reifen, und bestätigt damit die im praktischen Betriebe gemachten Erfahrungen. PT hat die nächstbesten Werte und deckt sich im oberen Belastungsbereich mit Vorwerk. Die Reibungskoeffizienten beider Reifen liegen zwischen 0,75 und 0,55.

Der Continental-Riesenluftreifen ergibt Reibungswerte = 0,65 bis 0,5, der Ballonreifen = 0,58 bis 0,5, der Fulda-Parabel II = 0,5 bis 0,4. Der Tangentialschlupf bei Übertragung der Triebleistungen (Abb. 54) und das Haftvermögen gegen Schleudern (Abb. 56) sind in ihrer Abstufung nach den Reifensorten gleichartig.

Wie die Versuche über das Haftvermögen der Bereifung bei seitlichen Schubkräften ergaben, gibt die nasse, jedoch sauber gewaschene Asphaltstraßendecke der Gummibereifung fast denselben Halt wie die trockene Straßendecke. Das Schleudern der Kraftfahrzeuge bei nassem Wetter ist daher nicht auf die Feuchtigkeit als solche, sondern auf das Vorhandensein einer dünnen, aus Schlamm bestehenden Zwischenschicht auf der Straße zurückzuführen. Durch Versuche wurde festgestellt, daß nach dem Auftragen einer dünnen, schlammigen Zwischenschicht der Reibungskoeffizient auf 0,1 und darunter sank. Eine gemusterte Lauffläche, bei welcher Luft und Schlamm aus der Auflagefläche durch nach außen offene Nuten entweichen kann, trägt zur Verbesserung des Haftvermögens wesentlich bei. Es wird sich lohnen, auch bei den Kissenreifen eine die schlammige Zwischenschicht möglichst wirksam verdrängende Musterung der Laufflächen anzuwenden.

Die Bodenpressung gut federnder Reifen kann im Bereich des statischen Raddruckes verhältnismäßig hoch gewählt werden, weil die dynamischen Zusatzdrücke klein sind und somit die Pressung unzulässig hohe Werte nicht erreicht.

Wirtschaftlichkeit.

Im Abschnitt „Federungscharakteristik und Federungswirkung“ (S. 58) wurde dargelegt, daß die vom Reifen aufgenommene Arbeit ein Maß für die Federungswirkung des Reifens gibt. Abb. 57 zeigt die Federungscharakteristik des Overman-Super-Triebradreifens auf ebener Grundfläche, und zwar die vom Reifen bei einer Belastung mit 6000 kg aufgenommene Arbeit von 53,6 mkg in der gesamten horizontal und vertikal schraffierten Fläche.

Die Entlastung, die mit der gleichen Geschwindigkeit wie die Belastung erfolgte, verläuft nach der unteren mit „Entlastung“ bezeichneten Kurve. Die zwischen dieser Kurve und der Abszisse liegende Fläche, die in Abb. 57 senkrecht schraffiert ist, ist gleich der vom Reifen wieder abgegebenen Arbeit und beträgt 42,7 mkg.

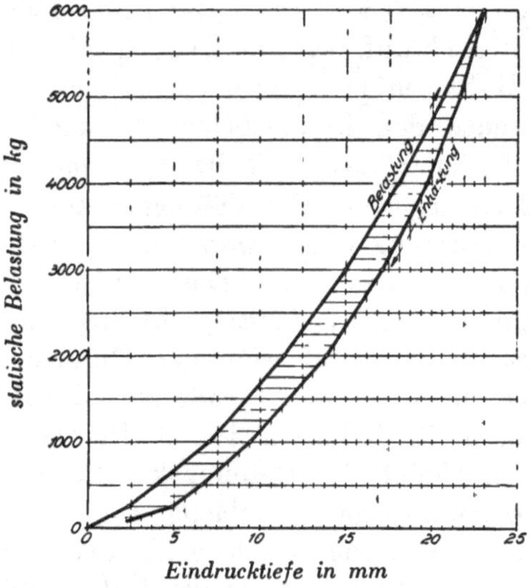

Abb. 57. Statische Federungscharakteristik des Overman-Super-Triebradreifens.

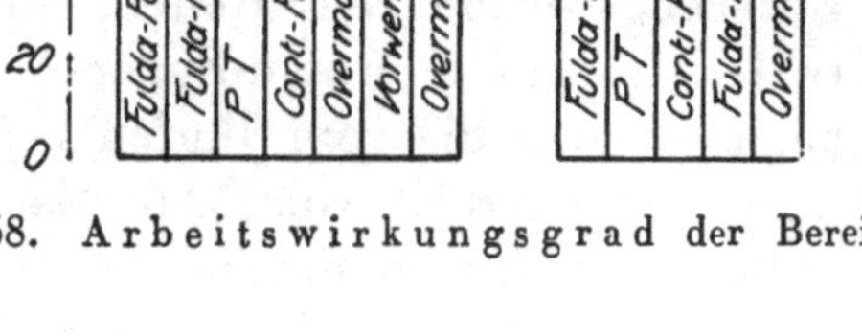

Abb. 58. Arbeitswirkungsgrad der Bereifung.

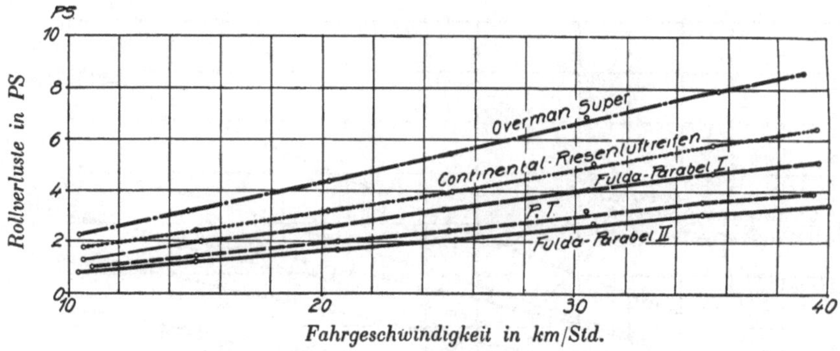

Abb. 59. Rollverluste beider Vorderräder des NAG.-Omnibusses. Raddruck 1700 kg.

Die zwischen der Belastung und Entlastungskurve liegende Fläche ist also der Arbeitsverlust. Er beträgt hier 10,9 mkg. Das Verhältnis der abgegebenen zur aufgenommenen Arbeit, der Arbeitswirkungsgrad, ist $\frac{42,7}{53,6} \cdot 100 = 79,5\,\%$.

Abb. 58 zeigt den Arbeitswirkungsgrad der untersuchten Vorder- und Triebradbereifungen, bei gleicher Versuchsdauer für alle Bereifungen eines Rades.

An erster Stelle liegt der Fulda-Parabel II-Reifen, dessen für Druckaufnahme besonders ausgebildetes Profil in Verbindung mit hochwertiger Gummiqualität den besten Wirkungsgrad erzielt hat.

Die ungünstigsten Werte haben die Overman-Reifen und der von der Berliner Omnibus-Aktiengesellschaft verwendete Regeneratreifen ergeben, der erstere infolge seiner großen inneren Formänderungsarbeit.

Abb. 59 zeigt die Rollverluste beider Vorderräder des N. A. G.-Omnibusses einschließlich der Kugellagerverluste im Geschwindigkeitsbereich von 10—40 km/Std. Da eine Leistungsübertragung nicht stattfindet, enthalten die Rollverluste keine Verluste durch Schlupf der Räder. Die Rollverluste wachsen in dem Geschwindigkeitsbereich bis 40 km/Std. proportional mit der Fahrgeschwindigkeit.

Der Fulda-Parabel II-Reifen hat im ganzen Geschwindigkeitsbereich die günstigsten Werte. Ihm folgt in kurzem Abstand PT. Die größten Rollverluste sind dem Overman-Super-Reifen eigen, die bei 36 km/Std. 8 PS betragen.

Die Rollverluste der Triebräder sind getrennt als Leerlaufs- und Vollastverluste bestimmt worden (Abb. 60 und 61). Bei allen Reifen

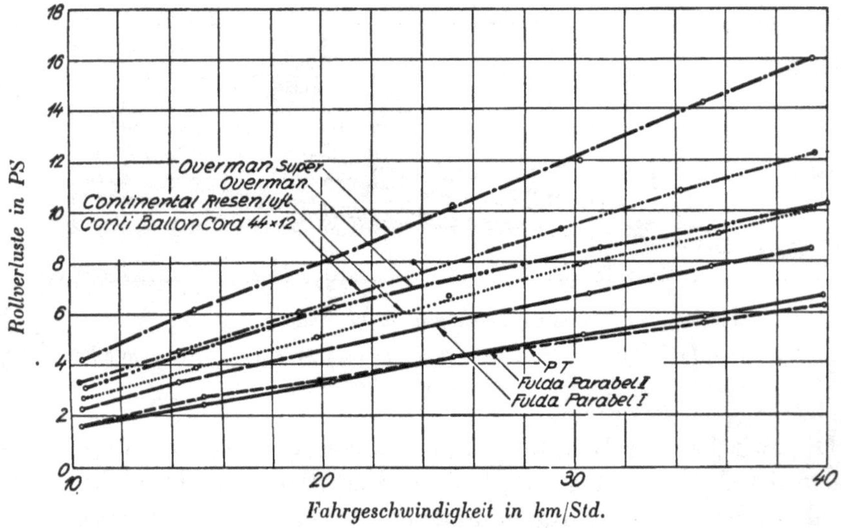

Abb. 60. Rollverluste beider Triebräder des NAG.-Omnibusses. im Leerlauf. Raddruck 2750 kg.

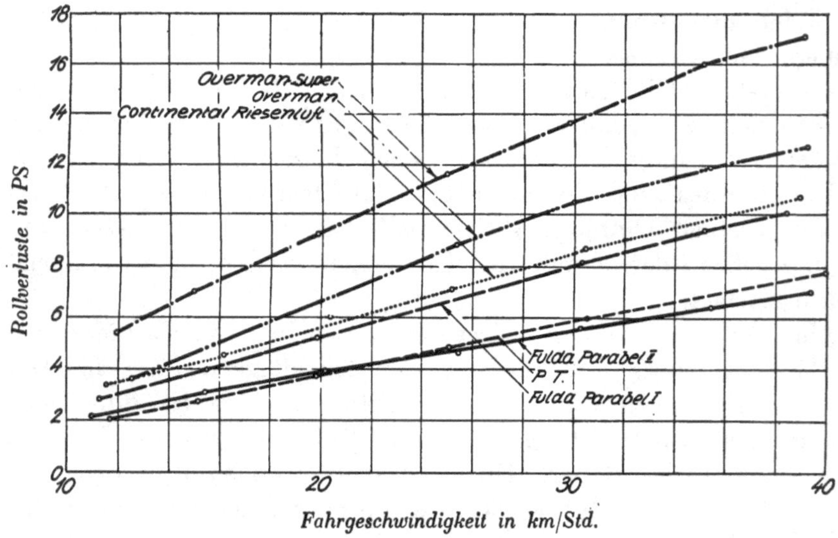

Abb. 61. Rollverluste beider Triebräder des NAG.-Omnibusses bei Vollast und direktem Schaltgang. Raddruck 2750 kg.

sind die Rollverluste bei Leistungsübertragung infolge des Zuwachses an Schlupfverlusten größer als die im Leerlauf gemessenen. Der größte Unterschied beträgt etwa 1,5 PS. Die Rollverluste des Ballonreifens liegen im mittleren Gebiet der untersuchten Reifen.

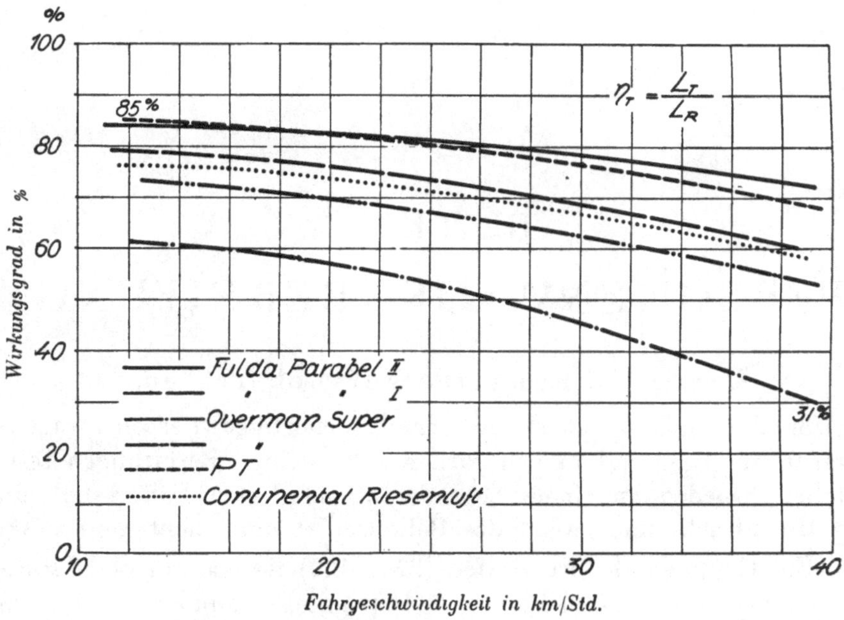

Abb. 62. Wirkungsgrad der Triebradbereifung des NAG.-Omnibusses beim vierten Schaltgang und Volleistung; übertragenes Drehmoment = 180 mkg.

Der Wirkungsgrad der Triebradbereifung an dem verwendeten N. A. G.-Omnibusfahrgestell (Abb. 62) ist bei kleinen Geschwindigkeiten am größten und erreicht bei Bereifung der Triebräder mit PT-Reifen und 12 km/Std. Fahrgeschwindigkeit den Höchstwert von 85 %.

Bei 38 km/Std. Fahrgeschwindigkeit ist der Wirkungsgrad der Fulda-Parabel II-Reifen an erster Stelle. In kurzem Abstand folgt PT. Overman-Super liegt entsprechend seinen hohen Rollverlusten sehr tief und hat bei 39 km/Std. nur noch 31 % Wirkungsgrad.

Die Reibung wird im Reifen größtenteils in Wärme umgesetzt.

Die Overman-Reifen waren schon nach kurzer Laufzeit sehr warm, dagegen wiesen der PT-Reifen und Fulda-Parabel II bei gleicher Versuchsdauer eine mäßige Erwärmung auf.

Ein Teil der Eigenverluste wird auch in Elektrizität umgewandelt. So ließen sich mit der an der Lauffläche des Reifens befindlichen Elektrizität schon nach wenigen Radumdrehungen Funken von etwa 1 cm Länge erzeugen.

III. TEIL

PERSONENWAGENBEREIFUNG

Kennzeichnung der Versuchsreifen.

Um die Federungswirkung verschiedenartiger Personenwagenbereifungen ergänzend zu den vorher untersuchten Bereifungen festzustellen, wurden an einem besonderen, gefederten Fahrgestell ein Satz Hochdruck- und zwei Sätze Ballonreifen untersucht, und zwar:

1. Ein Continental-Cord-Reifen (820 × 120) der Continental Caoutchouc- und Gutta-Percha Compagnie, Hannover (Abb. 63 und 64).

Der Luftinnendruck des Reifens betrug bei allen Versuchen 4 at. Eine Decke wiegt 10,5 kg, ein Schlauch 2,2 kg.

2. Ein Goodyear-Ballonreifen (31″ × 4,95″) der Goodyear Tire & Rubber Co, Acron, Ohio, U. S. A. (Abb. 65 und 64).

Eine Decke wiegt 9,4 kg, ein Schlauch 1,2 kg. Der Reifen ist ein Ballonreifen für Spezialfelge und ist auf der S. S. (Straight Side) Felge (30″ × 4″) untersucht worden. Der Luftinnendruck betrug 2,8 at bei den Hauptversuchen. In einigen Sonderversuchen wurde der gleiche Reifen mit 2,1 at gefahren.

3. Ein Goodyear-Ballonreifen (30″ × 5,77″) der gleichen Firma (Abb. 66 und 64). Dieser wurde auf S. S.-Felge (29″ × 4½″) untersucht.

Der Luftinnendruck betrug 2,1 at. Eine Decke wiegt 12,4 kg, ein Schlauch 1,9 kg.

Versuchsergebnisse.

Statische Federung.

Die statische Federungscharakteristik der drei untersuchten Reifen zeigt Abb. 67. Die Reifen wurden auf der Ebene bis 1600 kg und auf den schon vorher gekennzeichneten Hindernissen von 15 und 25 mm Höhe bis auf 1000 kg abgedrückt.

Abb 63 Continental-Hochdruckluftreifen.

Abb 65. Goodyear Ballonreifen 31″ × 4.95″.

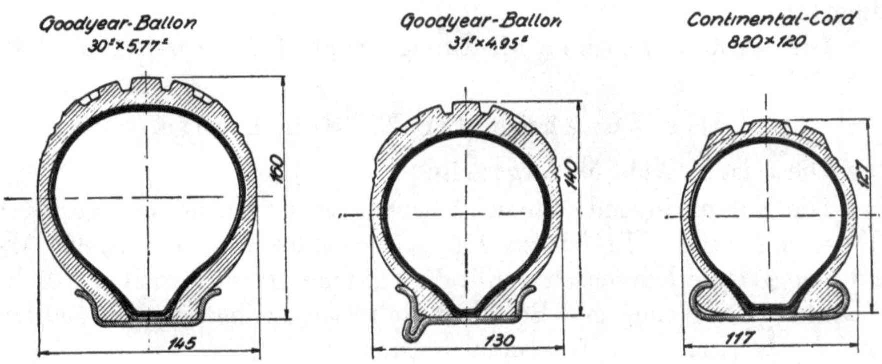

Abb 64. Querschnitte der untersuchten Personenwagenbereifungen.

Abb. 66. Goodyear Ballonreifen 30″ × 5.77″.

Die Eindrucktiefe ist beim Hochdruckreifen am geringsten.

Ihm folgt der Goodyear-Ballon (31″ × 4,95″) Reifen mit 2,8 at Innendruck.

Die größte Zusammendrückung zeigt Goodyear-Ballon (30″ × 5,77″).

Die Zunahme der Eindrucktiefe.

Diese ist in Abb. 68 dargestellt.

Die aufzubringende Mehrlast wurde entsprechend der geringen Tragfähigkeit der Reifen zu 100 kg gewählt. Eine durch die Abbildung gelegte Kurvenschar gibt die aufgenommene Arbeit je 100 kg Belastungssteigerung an. Bei einer Belastungssteigerung von 500 auf 600 kg beträgt die aufgenommene Mehrarbeit:

Hochdruckluft	. . . .	1,6 mkg
Goodyear Niederdruck	(31″ × 4,95″) .	2,42 „
„ „	(30″ × 5,77″) .	2,86 „

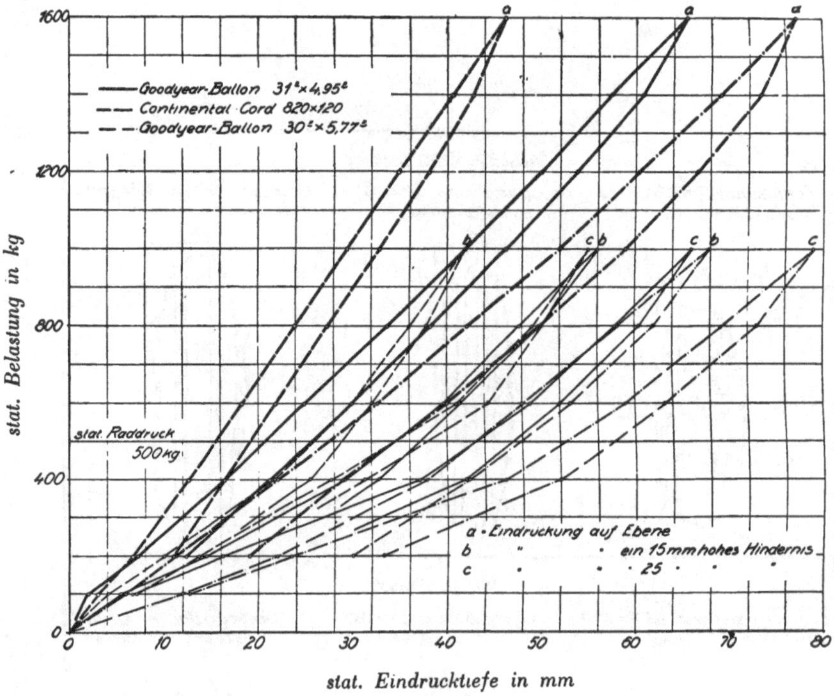

Abb. 67. Statische Federungscharakteristik der Personenwagenbereifungen.

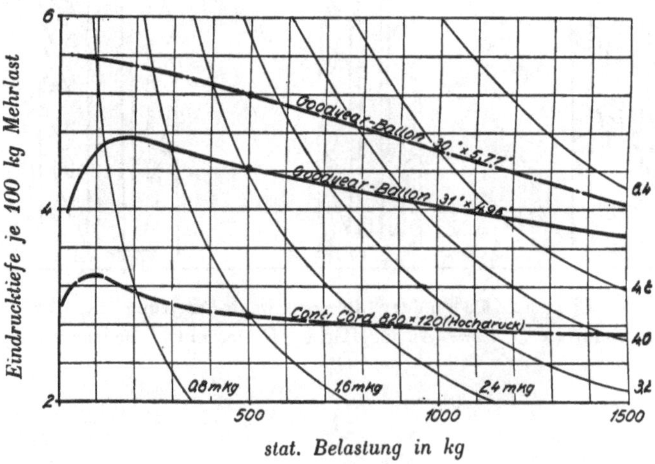

Abb. 68. Arbeitszunahme bei 100 kg Mehrlast der Personenwagenreifen und ihre Beziehung zur statischen Belastung und zur zusätzlichen Eindrucktiefe.

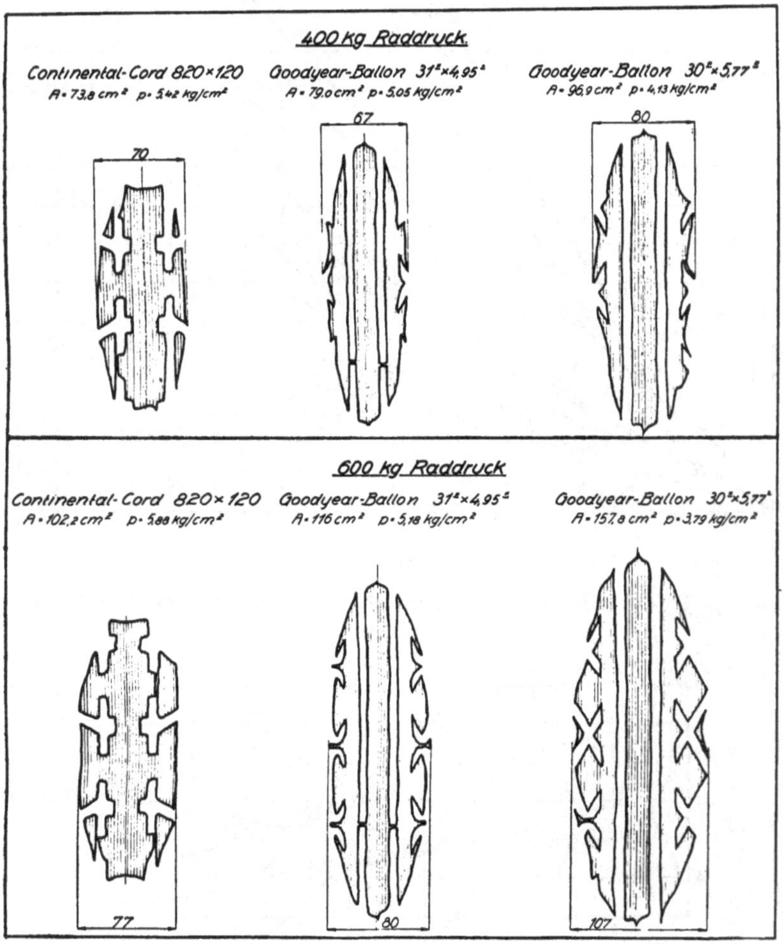

Abb. 69. Auflagefläche der Personenwagenbereifung bei 400 und 600 kg Raddruck. A = Auflagefläche, P = mittl. Bodenpressung

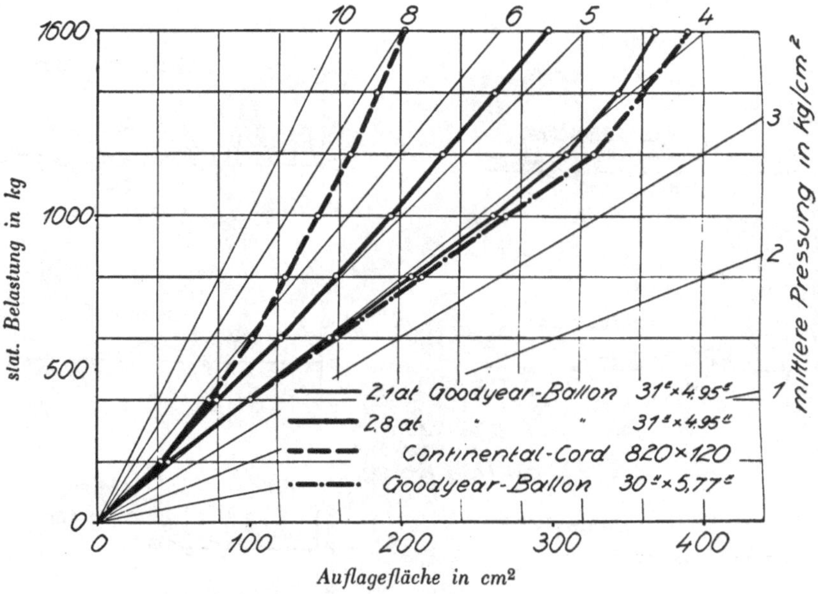

Abb. 70. Auflagefläche und mittlere Bodenpressung der Personenwagenbereifungen.

Auflagefläche und Pressung.

Die Abdrücke der untersuchten drei Reifen zeigt Abb. 69 für einen Raddruck von 400 bzw. 600 kg.

Die Größe der Auflagefläche und die mittlere Pressung ist in Abb. 70 dargestellt.

Der Conti-Cord-Reifen hat seinem Luftinnendruck entsprechend die größte Pressung. Goodyear-Ballon (31″×4,95″) nähert sich bei einem Innendruck von nur 2,1 at im unteren Bereich dem 30×5,77″-Reifen gleichen Fabrikates. Bei 500 kg Raddruck betragen die Pressungen:

Hochdruckluft	5,8 kg/cm²
Ballon (31″×4,95″) 2,8 at	5,0 „
„ „ 2,1 at	4,0 „
„ (30″×5,77″)	3,9 „

Schwingungen und Bahndrücke.

Abb. 71 zeigt die auf dem Wagenprüfstand mit dem Indikator aufgenommenen Radschwingungen beim Überfahren eines 15 bzw. 25 mm hohen Hindernisses. Die Radbelastung betrug 500 kg. Art und Abfederung des Versuchsfahrzeuges war bei allen Reifen die gleiche.

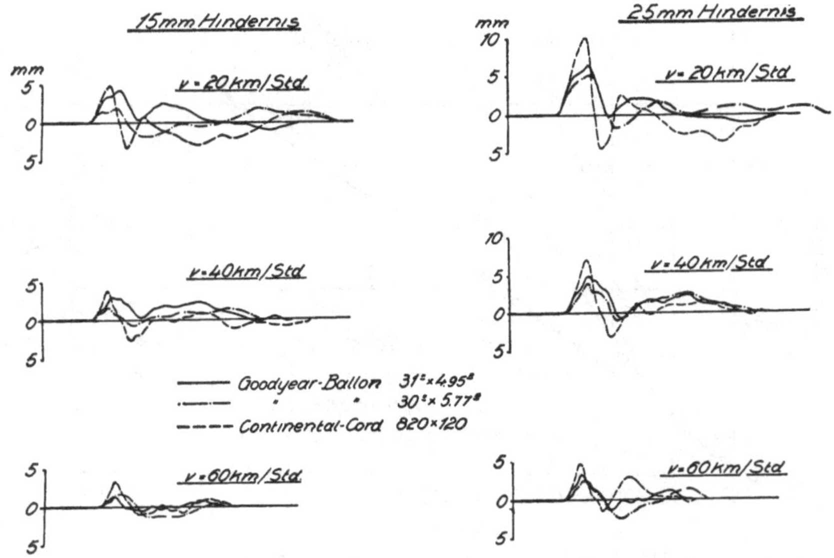

Abb. 71. Schwingungen der Personenwagenräder bei Fahrt über ein 15 mm und 25 mm hohes Hindernis.

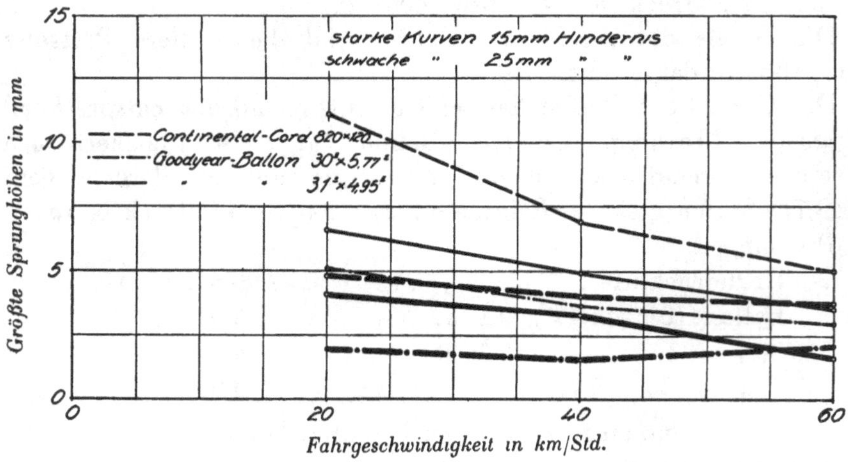

Abb. 72. Größte Sprunghöhen der Personenwagenräder bei Fahrt über ein 15 mm und 25 mm hohes Hindernis.

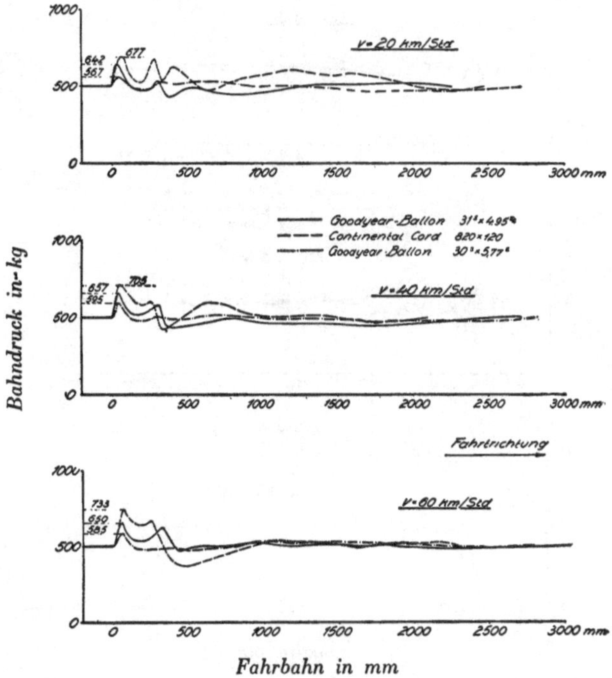

Abb. 73. Bahndrücke der Personenwagenräder bei Fahrt über ein 15 mm hohes Hindernis. Stat. Raddruck 500 kg.

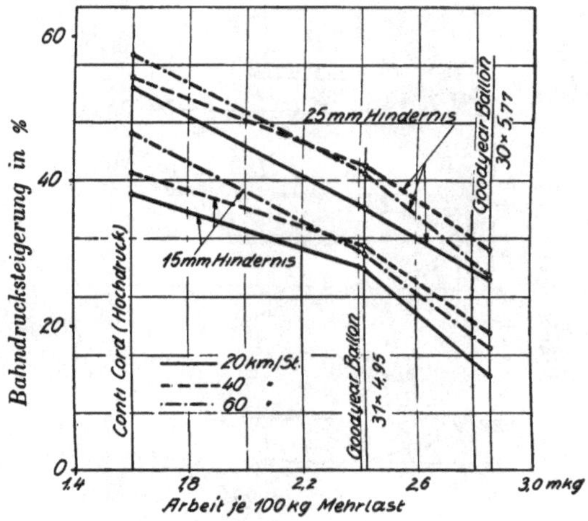

Abb. 75. Bahndrucksteigerung in Prozent des stat. Bahndruckes abhängig von der bei 100 kg Mehrlast aufgenommenen Arbeit.

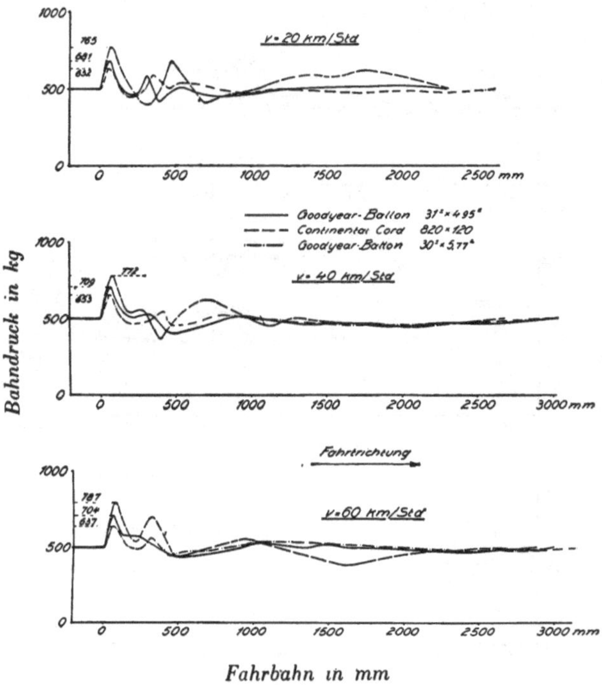

Abb. 74. **Bahndrücke** der Personenwagenräder bei Fahrt über ein 25 mm hohes Hindernis. Stat. Raddruck 500 kg.

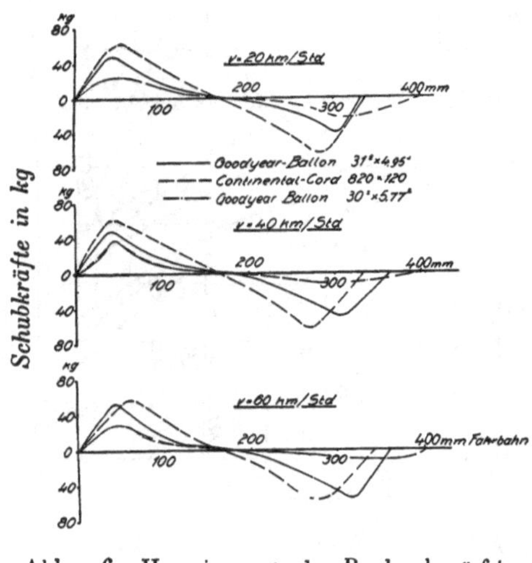

Abb 76. **Horizontale Bahnkräfte** der Personenwagenräder bei Fahrt über ein 15 mm hohes Hindernis Raddruck 500 kg.

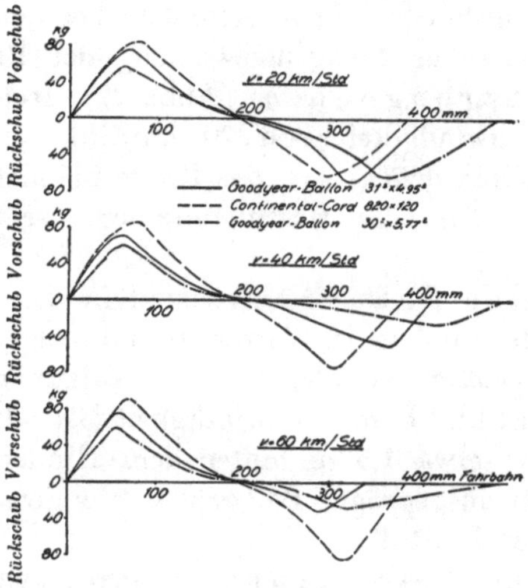

Abb. 77. Horizontale Bahnkräfte der Personenwagenräder bei Fahrt über ein 25 mm hohes Hindernis. Stat. Raddruck 500 kg.

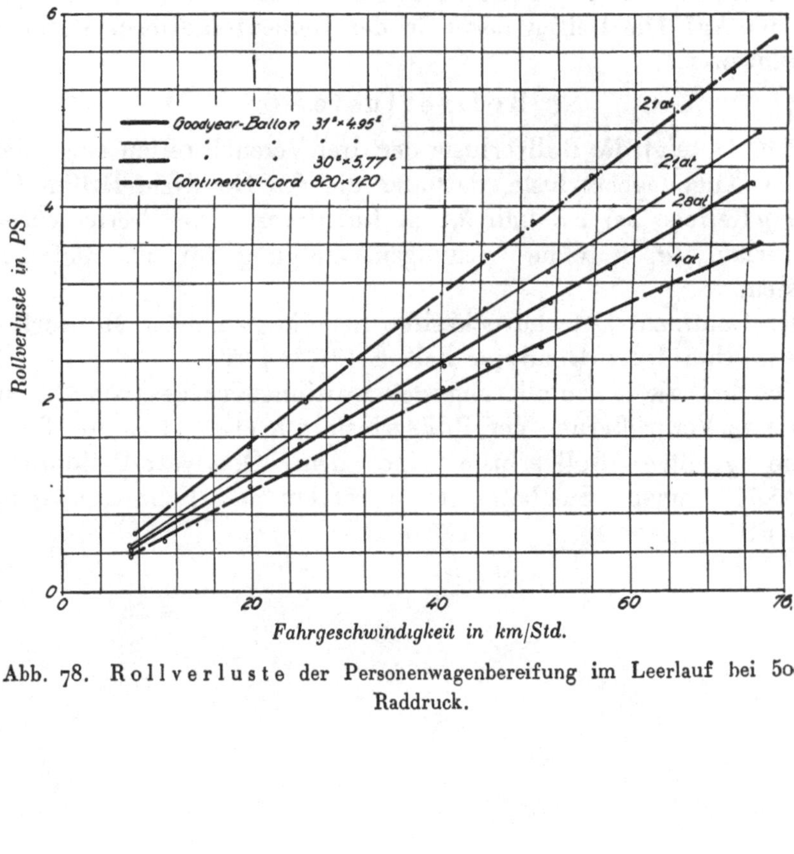

Abb. 78. Rollverluste der Personenwagenbereifung im Leerlauf bei 500 kg Raddruck.

Die Schwingungsbilder zeigen besonders bei dem 25 mm hohen Hindernis die überlegene Federungswirkung der Ballonreifen.

Die größten Sprunghöhen (Abb. 72) treten oft bei der kleinsten Fahrgeschwindigkeit von 20 km/Std. auf. Bei höheren Fahrgeschwindigkeiten drückt sich das Hindernis mehr in den Reifen ein, da die Zeit für die Beschleunigung der Fahrzeugmassen kürzer ist.

Die vertikalen Bahndrücke sind in den Abb. 73 und 74 für 15 und 25 mm hohes Hindernis zusammengestellt. Bei allen Reifen tritt der größte Bahndruck beim Anlauf des Hindernisses auf. Bei 20 km/Std. Fahrgeschwindigkeit ist der Einfluß der Rahmenschwingung etwa 1,5 m hinter dem Hindernis beim Hochdruck-Cord-Reifen ausgeprägt. Bei größeren Fahrgeschwindigkeiten verschwindet dieser Einfluß.

Die Bahndrucksteigerung in Prozenten des statischen Bahndruckes ist in Abb. 75 in Abhängigkeit von der aufgenommenen Arbeit aufgetragen. Alle gemessenen Werte liegen zwischen 13 und 57 % Bahndrucksteigerung.

Die horizontalen Bahnkräfte (Abb. 76 und 77) liegen unter 100 kg. Die Reifen liegen in der Reihenfolge ihrer statischen Federungswerte.

Rollverluste.

Abb. 78 zeigt die Rollverluste der drei Versuchsreifen einschließlich der Kugellagerverluste, darunter die des Goodyear-Ballon (31″ × 4,95″)-Reifens bei 2,8 und 2,1 at Luftdruck. Die Werte wurden im Leerlauf, d. h. ohne Leistungsübertragung für ein Räderpaar gemessen.

Der Continental-Hochdruckreifen hat die geringsten Rollverluste ergeben. Ihm folgt Goodyear-Ballon (31″ × 4,95″).

Hier hat die Verminderung des Luftinnendruckes von 2,8 auf 2,1 at eine Vergrößerung der Rollverluste um etwa 11 % zur Folge.

Die größten Rollverluste sind dem Goodyear-Ballonreifen (30″ × 5,77″) eigen. Sie betragen bei 50 km/Std. Fahrgeschwindigkeit 4 PS.

IV. TEIL

SCHLEPPERBEREIFUNG

Die Räder der Schlepper werden für Straßenarbeit mit Gummibereifung ausgerüstet. Soll der Schlepper sowohl auf dem Acker als auch auf der Straße arbeiten, so sind entweder die Greifer gegen Gummibereifung auswechselbar (z. B. Pöhl) oder der Schlepper erhält für jede Verwendungsart besondere Räder (z. B. Fordson, WD.).

Die Hinterachse der meisten Schlepperbauarten ist nicht gefedert. Insbesondere bei Blockkonstruktionen ist die unabgefederte Hinterachse gebräuchlich, da eine Abfederung die Bauart komplizierter macht und die Herstellung des Schleppers verteuert. Bei diesen ungefederten Bauarten wird das gesamte Hinterachsgewicht nur durch die Bereifung der Räder abgefedert.

Um über den Einfluß der Bereifung und über die Straßenbeanspruchung durch ungefederte Schlepper Aufschluß zu gewinnen, sind mit einem Fordson-Schlepper besondere Untersuchungen ausgeführt worden. Einzelheiten und Versuchsergebnisse des Schleppers sind in Becker, Motorschlepper für Industrie und Landwirtschaft 1926, veröffentlicht.

Kennzeichnung der Versuchsreifen.

Der zu den Versuchen verwendete Fordson-Schlepper der Ford Motor Company, Detroit (U. S. A.) ist ein zweiachsiger Vierradschlepper mit Antrieb der beiden Hinterräder (Abb. 79). Motor, Getriebe und Hinterachsbrücke bilden einen Block, der zugleich als Rahmen des Schleppers dient. Die Raddrücke des Schleppers betrugen:

Vorderachsdruck	580	kg
Hinterachsdruck	1500	„
Ein Triebrad wiegt . . .	308	„

Der Fordson-Radschlepper war im Anlieferungszustand mit „Amobo"-Vollgummireifen der Aktiengesellschaft für motorische Bodenbearbeitung und Kraftfahrzeuge, Berlin, ausgerüstet.

Abb. 79. 22 PS Fordson-Schlepper.

Die Vorderräder des Schleppers trugen Amobo-Einfachreifen (620×85×500 mm) (Abb. 80). Der Reifenquerschnitt ist dem Felgendurchmesser entsprechend sehr klein und ohne Hohlraum.

Das Gewicht eines Vorderrades mit Amobo-Reifen beträgt 57,7 kg.

Die Untersuchungen wurden an einer gefederten und einer ungefederten Vorderachse vorgenommen. Die in Deutschland hergestellte gefederte Vorderachse hat eine Feder mit 8 Blättern, 840 mm Spannweite und im unbelasteten Zustand eine Pfeilhöhe von 75 mm (Abb. 81). Bei dem statischen Vorderachsdruck beträgt die Zusammendrückung 31 mm.

Die Triebräder des Fordson waren zunächst mit „Amobo"-Doppelreifen (850×140 mm) bereift (Abb. 82).

Der Reifenquerschnitt ist breit gehalten und ohne Hohlraum. Die Lauffläche ist gerade. Wechselseitig hat der Reifen Einschnitte von 36 mm Breite. Den Einschnitten gegenüber befinden sich an der anderen Seitenwand des Reifens rechteckige Aushöhlungen.

Das Gewicht zweier Amobo-Reifen (850×140 mm) beträgt 120 kg.

Anschließend an die Untersuchung der Amobo-Bereifung wurden die Triebräder des Fordson-Schleppers mit Fulda-Parabel-Kissenreifen (850×150×1065 mm) doppelt der Firma Gummiwerke Fulda A.-G., Fulda, bereift (Abb. 8 und 10).

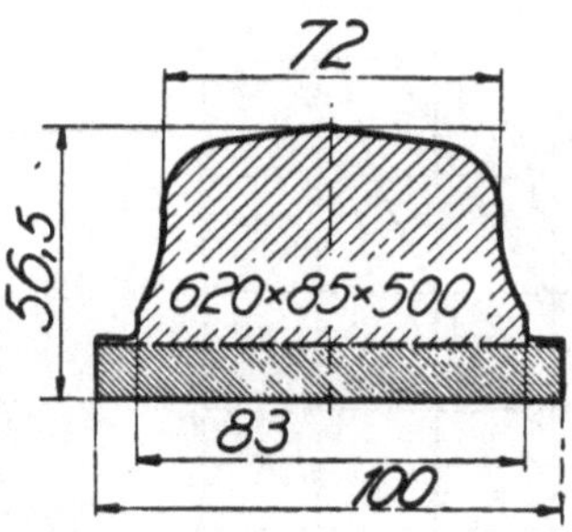

Abb. 80.
Amobo (Vorderradbereifung).

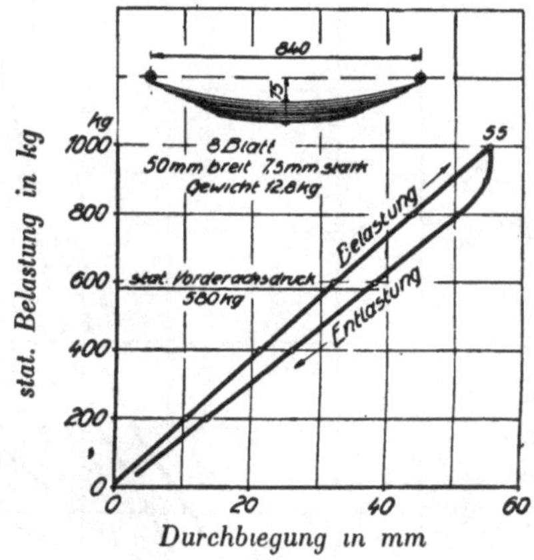

Abb 81. Statische Federungscharakteristik der Vorderachsfeder des Fordson-Schleppers. (Vorderachse, deutsche Ausführung.)

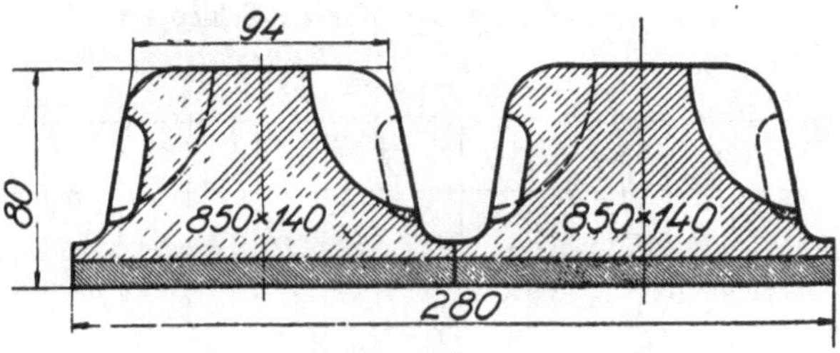

Abb. 82. Amobo (Triebradbereifung.)

Die gleichen Reifen wurden bereits an dem N. A. G.-Omnibusfahrgestell erprobt und erhielten zur Unterscheidung von anderen Fulda-Parabel-Kissenreifen die Bezeichnung Fulda-Parabel-Kissenreifen I (vgl. II. Teil).

Versuchsergebnisse.

Statische Federungscharakteristik.

Die statische Federungscharakteristik der Amobo-Vorderradreifen zeigt Abb. 83.

Die Zusammendrückung bei dem vollen statischen Raddruck von 290 kg beträgt 5 mm.

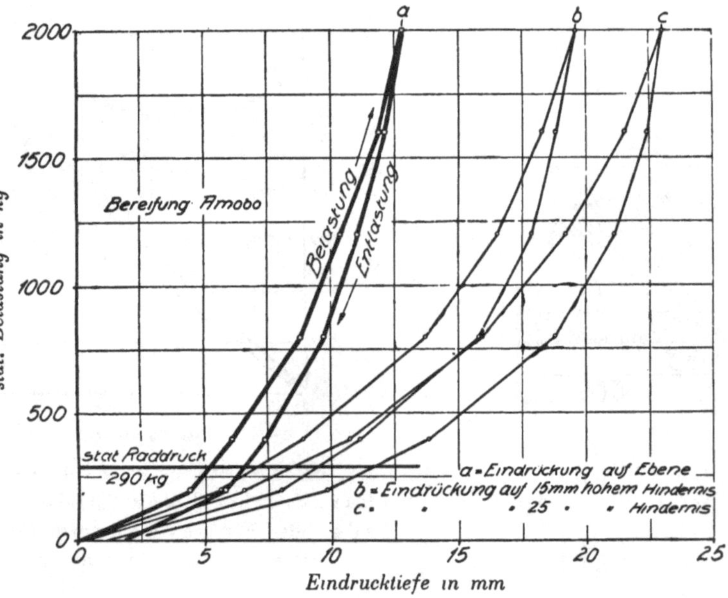

Abb. 83. Statische Federungscharakteristik der Vorderradbereifung des Fordson-Schleppers.

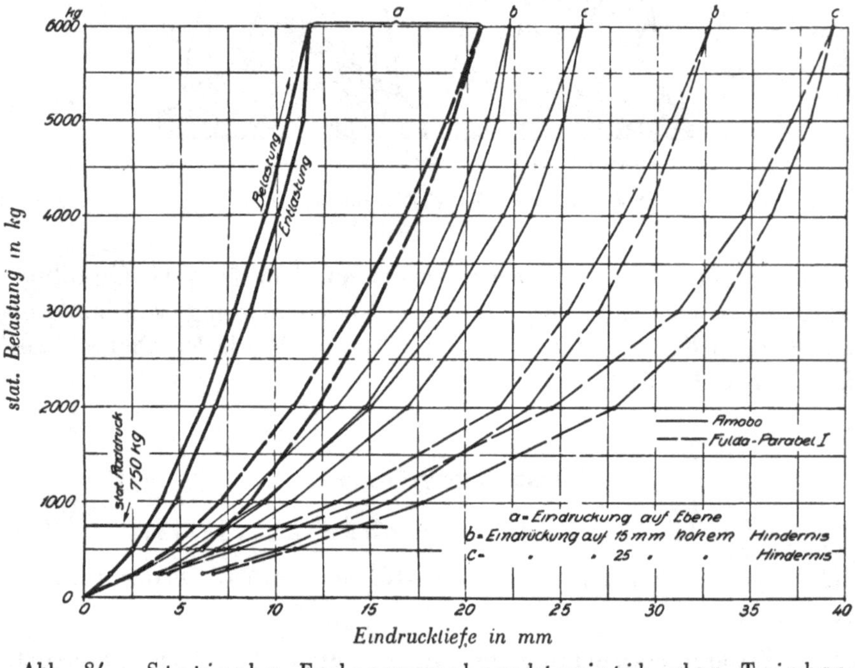

Abb. 84. Statische Federungscharakteristik der Triebradbereifungen des Fordson-Schleppers.

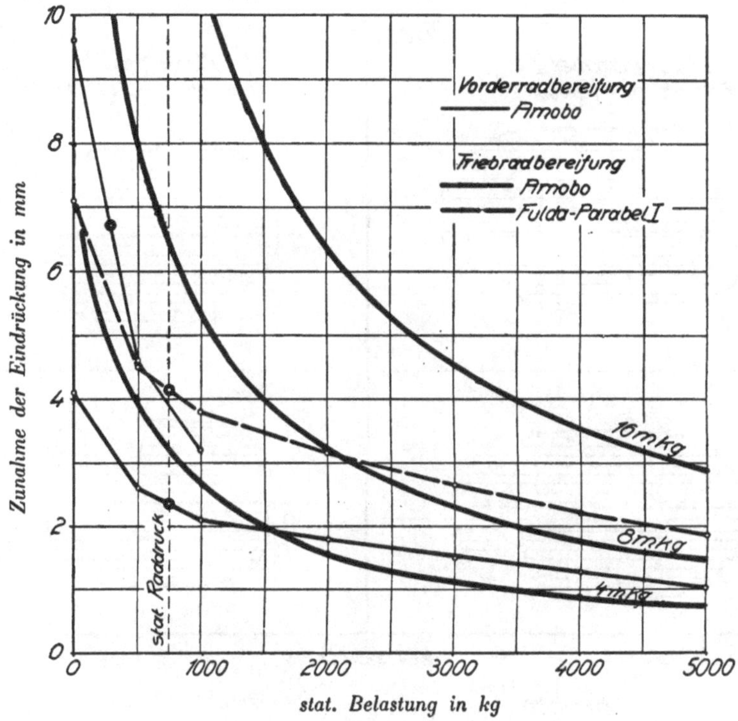

Abb. 85. Arbeitszunahme der Schlepperbereifungen und ihre Beziehung zur statischen Belastung und zur zusätzlichen Eindrucktiefe.

Die untersuchten Triebradreifen haben bedeutende Unterschiede in ihrer Federungscharakteristik ergeben (Abb. 84). Die härtere Amobo-Bereifung drückt sich bei 750 kg Raddruck nur 3,2 mm gegenüber 5,8 mm beim Fulda-Parabel I-Reifen zusammen.

In Abb. 85, welche die Zunahme der Eindrucktiefe je 1000 kg Mehrlast zeigt, liegt der Fulda-Parabel-Reifen im ganzen Bereich bedeutend über dem Amobo-Triebradreifen. Die durch Doppelkreise gekennzeichneten Punkte der vollen statischen Radbelastung weisen ein Arbeitsvermögen je 1000 kg Belastungszunahme von 5,2 mkg beim Fulda-Parabel I und von nur 2,9 mkg beim Amobo-Reifen auf.

Bei einer Belastungssteigerung von 750 auf 1750 kg beträgt die Zunahme der Eindrucktiefe bei der Triebradbereifung:

Amobo	2,35 mm
Fulda-Parabel I	4,15 „

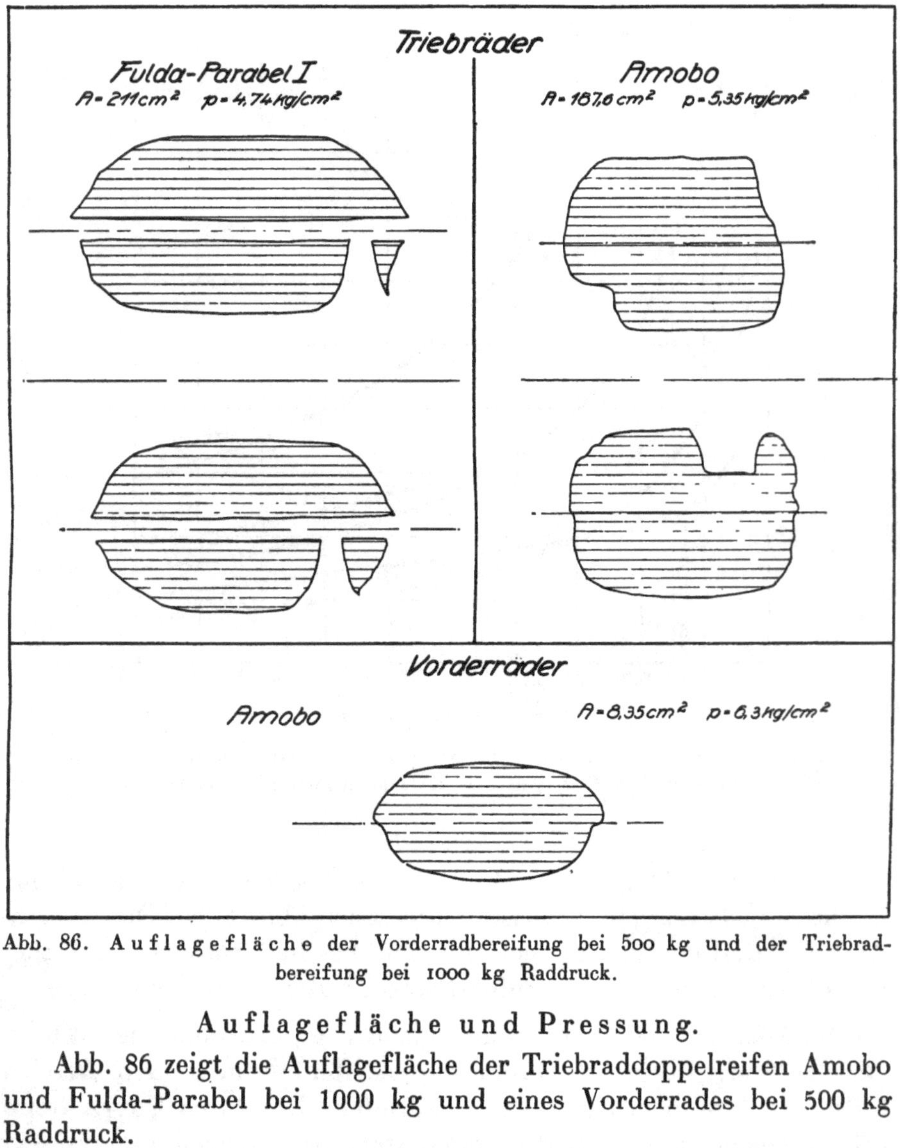

Abb. 86. Auflagefläche der Vorderradbereifung bei 500 kg und der Triebradbereifung bei 1000 kg Raddruck.

Auflagefläche und Pressung.

Abb. 86 zeigt die Auflagefläche der Triebraddoppelreifen Amobo und Fulda-Parabel bei 1000 kg und eines Vorderrades bei 500 kg Raddruck.

Die mittlere Bodenpressung in den Auflageflächen ist in Abb. 87 bei verschiedenen Belastungen aufgetragen. Der Fulda-Parabel-Triebradreifen liegt wiederum günstiger als der Amobo-Reifen. Bei dem durch Doppelkreise gekennzeichneten statischen Raddruck beträgt die mittlere Pressung:

Amobo . . . . 4,8 kg/cm^2
Fulda-Parabel . . . . . 4,3 „

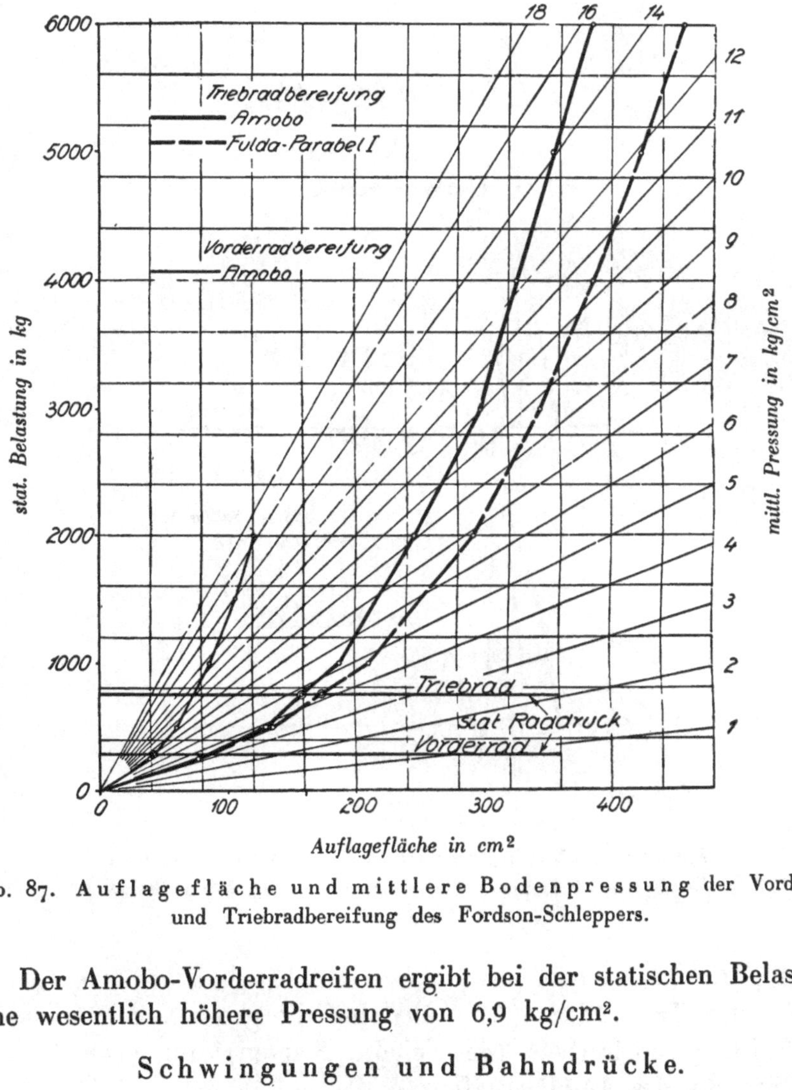

Abb. 87. Auflagefläche und mittlere Bodenpressung der Vorderrad- und Triebradbereifung des Fordson-Schleppers.

Der Amobo-Vorderradreifen ergibt bei der statischen Belastung eine wesentlich höhere Pressung von 6,9 kg/cm².

Schwingungen und Bahndrücke.

Die auf dem Wagenprüfstande bei Fahrt über ein 15 mm hohes Hindernis gemessenen Schwingungen sind in den Abb. 88 und 89 für 5 und 10 und 15 km/Std. Fahrgeschwindigkeit entsprechend dem Geschwindigkeitsbereich des Fordson-Schleppers zusammengestellt.

Die gefederte Vorderachse springt bei niedrigen Fahrgeschwindigkeiten (5 km/Std.) weniger, dagegen bei den höheren Fahrgeschwindigkeiten (10 und 15 km/Std.) stärker als die ungefederte Achse.

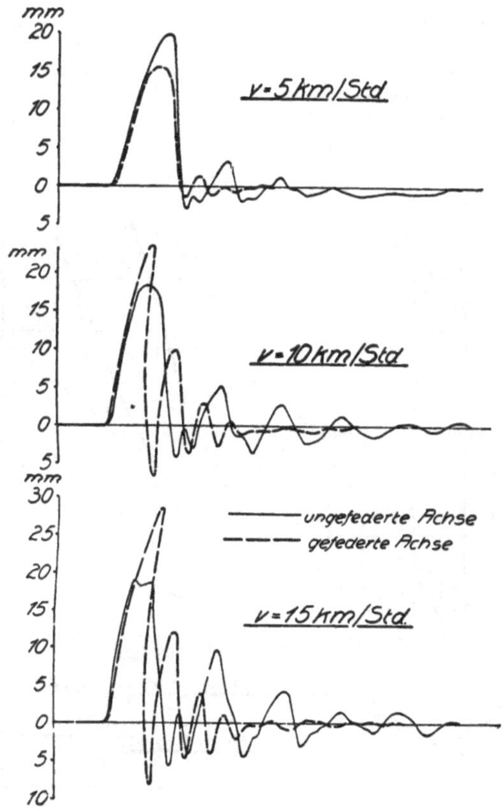

Abb. 88. Schwingungen eines Vorderrades des Fordson-Schleppers bei Fahrt über ein 15 mm hohes Hindernis.

Bei den Triebrädern (Abb. 89) sind die größten Schwingungen des Fulda-Parabelreifens (gestrichelte Kurven) nur etwa halb so groß wie die des Amobo-Reifens.

Die größten Sprunghöhen der Räder, welche in Abb. 90 gezeigt werden, wachsen bei den Amobo-Reifen im Geschwindigkeitsbereich zwischen 5 und 10 km/Std. stark an. Ihr Höchstwert beträgt 29,4 mm.

Hingegen bleiben die größten Sprunghöhen bei den Fulda-Parabelreifen bei allen Fahrgeschwindigkeiten mit 16,1 mm niedrig und gleich.

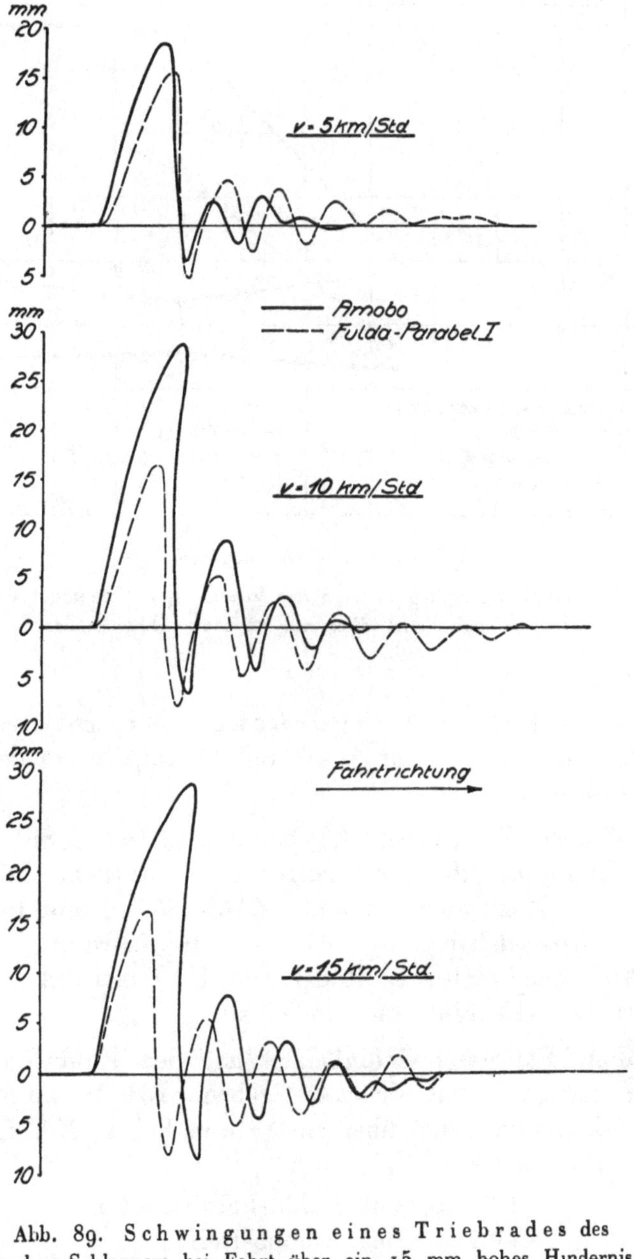

Abb. 89. Schwingungen eines Triebrades des Fordson-Schleppers bei Fahrt über ein 15 mm hohes Hindernis.

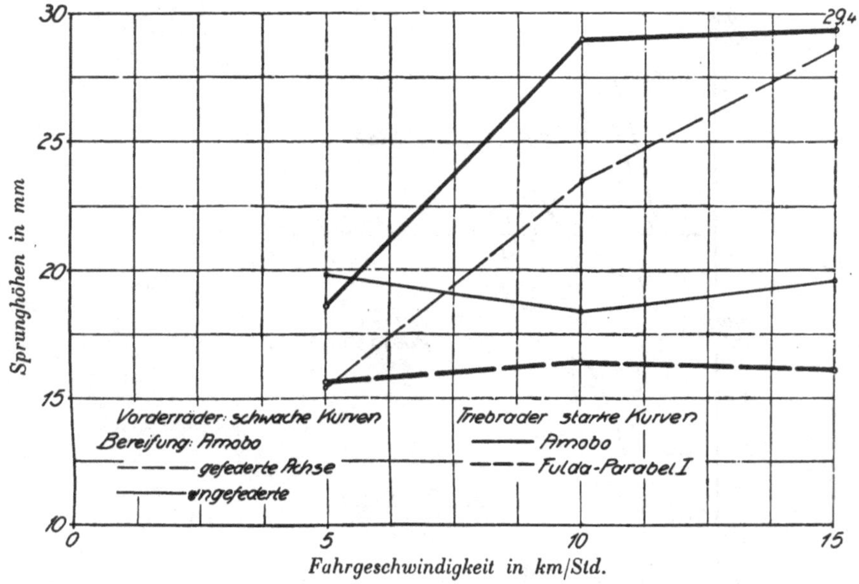

Abb. 90. Größte Sprunghöhen der Vorder- und Triebräder des Fordson-Schleppers bei Fahrt über ein 15 mm hohes Hindernis.

Die **vertikalen Bahndrücke** sind entsprechend den Schwingungsdiagrammen für 5, 10 und 15 km/Std. in den Abb. 91 und 92 dargestellt.

Die gefederte Vorderachse hat bei 10 und 15 km/Std. um 100 % höhere Bahndrücke als die unabgefederte ergeben. Die Ursache ist die größere Wurfhöhe des Rades (Abb. 88, 10 und 15 km/Std.), die in der Abwärtsbewegung stärker durchschwingt, und daher größere Aufschlagkräfte der Räder auf die Fahrbahn auslöst. Die Räder springen zeitweise vom Boden ab.

Bei allen Fahrgeschwindigkeiten hat der Fulda-Parabelreifen wesentlich geringere Bahndrücke ergeben. Bei 10 km/Std. Fahrgeschwindigkeit und Fahrt über ein 15 mm hohes Hindernis beträgt der größte Bahndruck:

2980 kg mit Fulda-Parabelreifen,
4460 kg mit Amobo-Reifen.

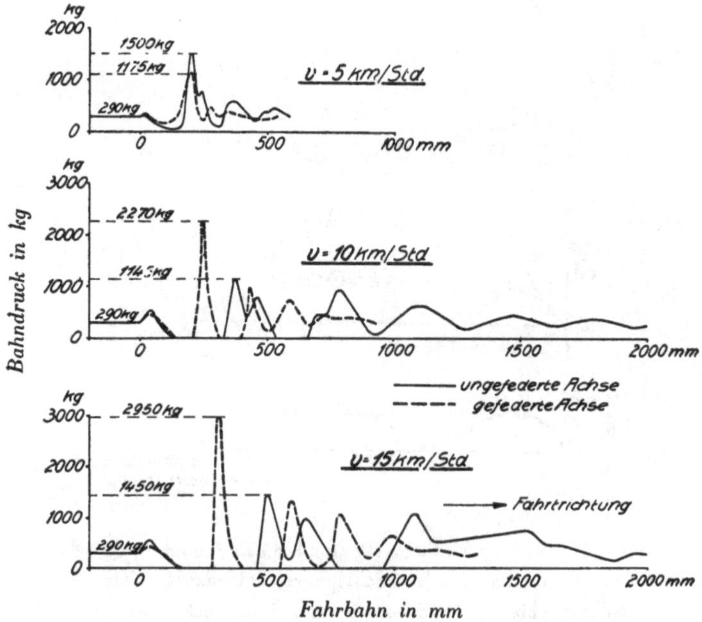

Abb. 91. Bahndrücke eines Vorderrades des Fordson-Schleppers bei Fahrt über ein 15 mm hohes Hindernis. Stat. Raddruck 290 kg.

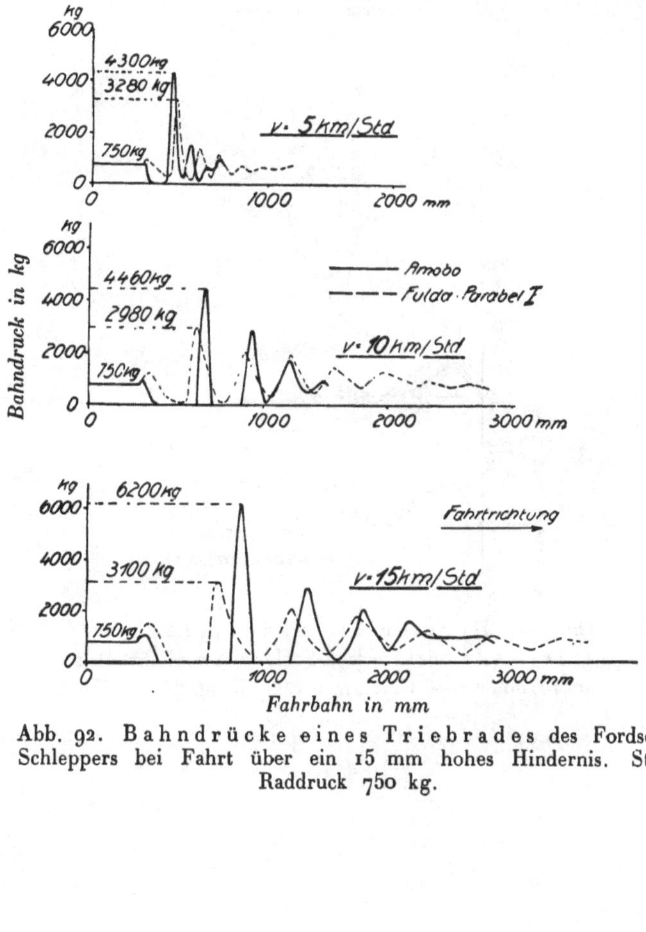

Abb. 92. Bahndrücke eines Triebrades des Fordson-Schleppers bei Fahrt über ein 15 mm hohes Hindernis. Stat. Raddruck 750 kg.

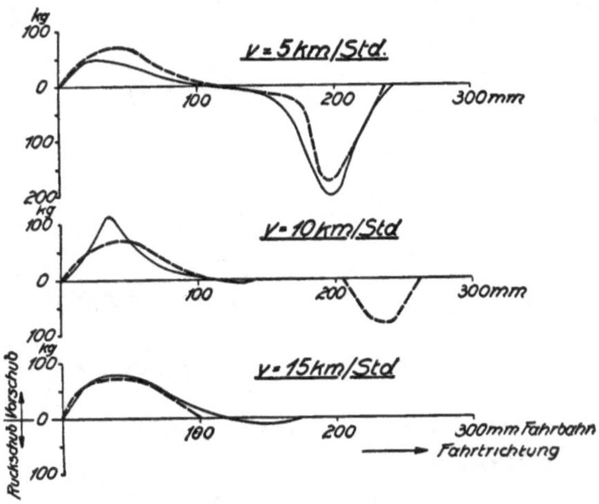

Abb. 93. Horizontale Bahnkräfte eines Vorderrades des Fordson-Schleppers bei Fahrt über ein 15 mm hohes Hindernis. Stat. Raddruck 290 kg.

Bereifung: Amobo

ungefederte Achse ————

gefederte Achse — — — —

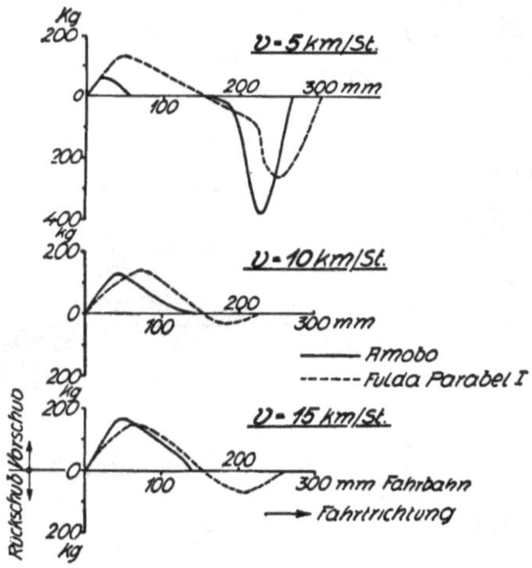

Abb. 94. Horizontale Bahnkräfte eines Triebrades des Fordson-Schleppers bei Fahrt über ein 15 mm hohes Hindernis. Stat. Raddruck 750 kg.

Die Bahndrucksteigerung in Prozenten des statischen Raddruckes beträgt:

Vorderräder (290 kg stat. Raddruck)

	ungefederte Achse	gefederte Achse
bei 5 km/Std.	420 %	305 %
„ 10 „	300 %	680 %
„ 15 „	400 %	920 %

Triebräder (750 kg stat. Raddruck)

	Amobo	Fulda-Parabel
bei 5 km/Std.	475 %	337 %
„ 10 „	495 %	300 %
„ 15 „	725 %	315 %

Die Werte sind im Vergleich zu denjenigen bei Lastkraftwagen hoch. Im II. Teil (Abb. 49) ist bereits festgestellt worden, daß die Bahndrucksteigerung im Gebiet niedriger Fahrgeschwindigkeiten (10 km/Std.) von der Höhe der statischen Radbelastung nur in geringem Maße abhängig ist.

Die mittlere Pressung in der Auflagefläche des hinter dem Hindernis aufschlagenden Rades ist ebenfalls sehr hoch und erreicht bei Fahrt über ein 15 mm hohes Hindernis folgende Werte:

Vorderrad

	ungefederte Achse	gefederte Achse
bei 10 km/Std. . . .	12,0 kg/cm²	17,0 kg/cm²
„ 15 „ . . .	13,5 „	20,0 „

Triebrad

	Amobo	Fulda-Parabel
bei 10 km/Std. . . .	13,2 kg/cm²	8,6 kg/cm²
„ 15 „ . . .	16,0 „	8,9 „

Die horizontalen Bahnkräfte der Vorder- und Triebradbereifung zeigen die Abb. 93 und 94. Bei der niedrigsten Fahrgeschwindigkeit trifft das Rad beim Aufprallen noch das Hindernis und verursacht hohe Rückschubwerte. Die Mittelwerte der horizontalen Bahnkräfte betragen bei den Vorderrädern etwa 100 kg, bei den Triebrädern 150 kg.

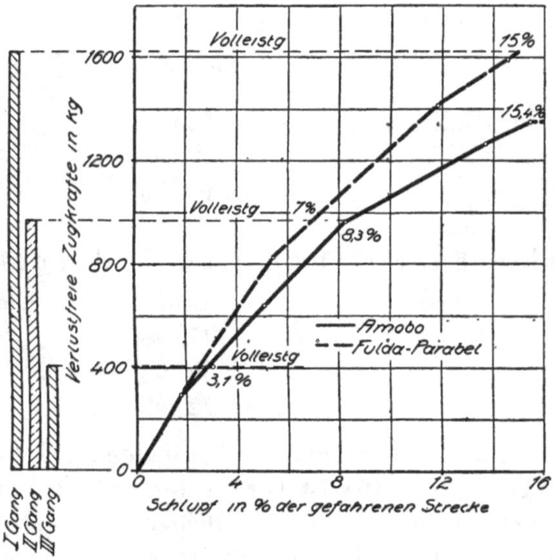

Abb. 95. **Schlupf der Triebräder** des Fordson-Schleppers.

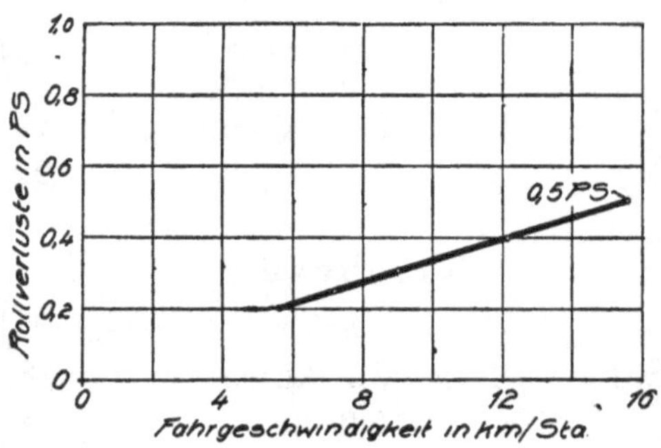

Abb. 96. **Rollverluste der Vorderräder** des Fordson-Schleppers.

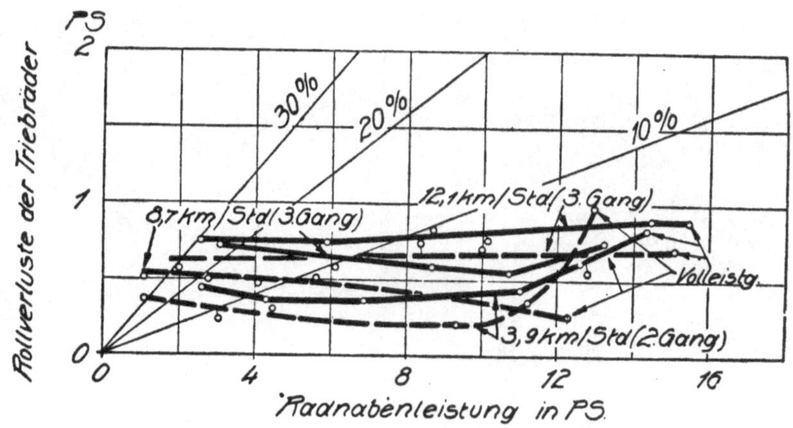

Abb. 97. Rollverluste der Triebräder des Fordson-Schleppers.
——— Amobo
– – – – Fulda-Parabel I.

Schlupf.

Dei Schlupf der Triebradbereifung bei den Versuchen auf dem Wagenprüfstand ist in Abb. 95 dargestellt. Bei Volleistung und Fahrt mit dem ersten Schaltgang können die Fulda-Parabelreifen das ganze Drehmoment übertragen, während die Amobo-Reifen bei etwa 1350 mkg Drehmoment trotz ihrer hohen Bodenpressung zu mahlen beginnen.

Im Rahmen umfassender Schlepperversuche wurden die höchsten Zugkräfte auf der Straße auch bei anderen Schleppern mit etwa 16 % Schlupf gemessen. Darüber hinaus verlieren die Räder ihren Halt und fangen an zu mahlen. Gleichzeitig sinkt die Zugkraft infolge der größeren Schlupfverluste.

Rollverluste.

Die Rollverluste der Amobo-Vorderradbereifung einschließlich der Kugellagerverluste liegen im Geschwindigkeitsbereich von 6 bis 16 km/Std. zwischen 0,2 und 0,5 PS (Abb. 96).

Die Rollverluste der Triebradbereifung wurden im zweiten und dritten Schaltgang bei konstanter Fahrgeschwindigkeit, aber verschiedener Leistungsübertragung gemessen (Abb. 97). Sie liegen im ganzen Bereich unter 1 PS, wobei die niedrigeren Werte jeweils dem Fulda-Parabelreifen eigen sind. Beachtenswert ist das Ansteigen der Verluste im kleineren, zweiten Schaltgang infolge des Anwachsens der äußeren Verluste (Schlupf).

DRUCK VON SIEGFRIED SCHOLEM
BERLIN-SCHÖNEBERG.